設計法寶，創意之禮

U0006855

DESIGNSPARK MECHANICAL

RS Components知道您希望儘快將絕妙構思轉換成原型設計。
然而能實現您創意的設計軟體通常價格高昂，
同時其程式的學習又無比耗時。

為此，我們為大家推出專業的 3D 解決方案 DesignSpark Mechanical。

DesignSpark Mechanical 是首款免費且功能齊全的 3D 設計套裝軟體，採用直觀明瞭的直接建模技術，
幫助您快速生成改變世界的設計，
前所未有地輕鬆快捷、且更具創造性。

免費下載 DESIGNSPARK MECHANICAL

www.designspark.com/chn/mechanical

DESIGNSPARK
MECHANICAL

提供者為

Make: Volume 12

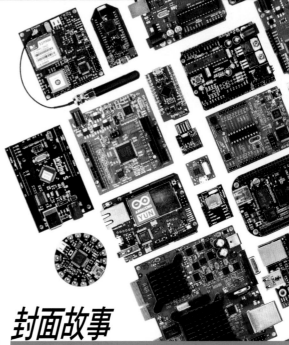

封面故事

開發板選擇指南
五花八門的微控制器和單板電腦任君挑選。

46

臺灣自造者空間大揭祕：
集結介紹臺灣在2013年創立的自造者空間，讓你知道創辦背後的祕辛與勇氣！

84

注意：科技、法律以及製造業者常於商品以及內容物刻意予以不同程度之限制，因此可能會發生依照本書內容操作，卻無法順利完成作品的情況發生，甚至有時會對機器造成損害，或是導致其他不良結果產生，更或是使用權合約與現行法律有所抵觸。

讀者自身安全將視為讀者自身之責任。相關責任包括：使用適當的器材與防護器具，以及需衡量自身技術與經驗是否足以承擔整套操作過程。一旦不當操作各單元所使用的電動工具及電力，或是未使用防護器具時，非常有可能發生意外之危險事情。

此外，本書內容不適合兒童操作。而為了方便讀者理解操作步驟，本書解說所使用之照片與插圖，部分省略了安全防護以及防護器具的畫面。

有關本書內容於應用之際所產生的任何問題，皆視為讀者自身的責任。請恕泰電電業股份有限公司不負本書內容所導致的任何損失與損害。讀者自身也應負責確認在操作本書內容之際，是否侵害著作權與侵犯法律。

翻轉你的3D想像
設計就是這樣簡單

學習應該是令人愉快的，
3D設計即將顛覆傳統教學的模式，
一場充滿樂趣的設計旅程於全台蔓延…

哇！我自己也可以設計動畫人物耶！』這就是電視上的可以列印出立體模型的印表機嗎？』在本月 24 日於臺灣大學手作嘉年華會 Maker Faire Taipei 展場上，孩子們一個個興奮且專注臉龐，圍繞著一台可愛的胖卡車，你一言我一語熱烈地討論著。

這台設計夢想號是由台灣歐特克教育團隊著手打造，為了消彌城鄉數位教育的落差，夢想號預計走訪全台 368 鄉鎮。這一台行動學習車，裝載著平板電腦與 3D 列印機，藉由孩子們動手做且主動學習的精神，希望把 3D 數位設計的技術與知識，向下傳達到全台每個偏鄉的學童。

巡迴活動包括概念區、軟體區以及 DIY 區；概念區透過播放影片以及展示 3D 列印的過程讓小朋友對於 3D 設計與 3D 列印有基本的認知；而軟體區則是體驗歐特克開發簡單易用的 APP 工具，即便不是專業的設計師，小學生也能直覺在平板電腦上設計出令人嘖嘖稱奇的 3D 作品，且將設計的圖片列印給小朋友紀念；最後 DIY 區藉由雷射切割的零件，實際組裝立體的模型。

設計夢想號目前已於多所校園完成體驗活動，其中埔里國中校長全正文表示：「過去埔里學生比較少有機會接觸 3D 設計，感謝歐特克給我們相當難得的學習機會，透過這輛行動學習車，從 3D 軟體設計到 3D 列表機的成果展示，同學們重新學習立體的概念，並且發現 3D 設計原來可以這樣簡單，每個專注學習的表情，不禁覺得每位同學未來也都可能成為設計家！」

為了延續校園 3D 設計教育深耕計畫，夢想號預計於大專招募一群夢想大使，由他們搭配設計夢想號來進行教學，後續並以就近認養學校的概念，持續至周遭學校進行互動，讓設計的種子薪火相傳。透過設計夢想號，設計打破年齡與地域的限制，整個體驗活動將挖掘出更多具有創意的潛力設計師，透過新一代設計的力量改變世界。

如欲了解歐特克「設計夢想號」
行動學習車，敬請瀏覽：
autodesk.academic.com.tw/designvan/

歐特克 123D APP 免費體驗
www.123dapp.com

若您有興趣讓設計夢想號進入您校園，
或您想要成為夢想大使，
歡迎與夢想號小組連繫：
twacademic@autodesk.com

廣告

Make: Volume 12

Fusor核融合反應爐：
作發出紫光的粒子加速器並擁有桌上型核融合反應爐。

116

熱縮片遊戲角色立牌： 把平面桌由腳色變成立體的。

142

POPCORN

155

« 把智慧型手機裡的照片投影出來跟大家分享。

©2013 TAITIEN ELECTRIC CO., LTD. Authorized translation of the English edition of *Make: Technology on Your Time, Volume 36*. ©Maker Media Inc. This translation is published and sold by permission of O'Reilly Media, Inc., which owns or controls all rights to sell the same.

本書基於泰電電業股份有限公司與 O'Reilly Media 的合約進行翻譯製作。泰電電業股份有限公司自當盡最大努力，以達到《Make》國際中文版內容之正確，但請恕本公司不負任何應用該內容所造成的後果。

本書所登載之系統名稱、商品名稱皆為各家公司商標或登錄商標。此外，有關 TM、®、©等版權標誌，本書一概省略。

下列網址提供本書之注釋、勘誤表與訂正等資訊。
makezine.com.tw/magazine-collate.html

www.iCshop.com.tw
iCShopping
DIY零件｜套件｜工具

找零件，來這裡！
超過10000項商品

ICSHOP專業電子零件購物網

買材料不用風吹日曬，
最好的平台、最佳的管道，
方便上手，購足需求。
萬件商品，種類齊全，一次搞定所需產品！
快、好、便宜，口碑第一！

07-5564686　　高雄市左營區博愛二路204號8樓之1　　ELECBOYS

零件　　套件　　工具　　開發板

ZUMO
最強力士參上

◆ 可利用Arduino系統控制 　　◆ 多功能感測器
◆ 適合入門玩家進階中高級 　　◆ 相撲/迷宮/循跡 多樣比賽玩法！

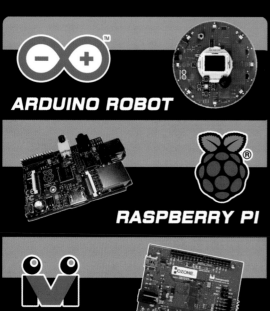

ARDUINO ROBOT

RASPBERRY PI

OZONE

• 輕巧堅固的ABS樹脂外殼

• HEART TO HEART 軟體

• 高效能強力馬達

• 高自由度靈活關節

• 高穩定性挖槽足底設計

KONDO
KHR-3HV Ver.2

中　美　資　訊
Chung-mei Infotech, Inc.

10043 台北市中正區博愛路76號6樓　官方網站：www.chung-mei.biz
客服信箱：service@chung-mei.biz　FB粉絲團：www.facebook.com/chungmei.info
服務專線：(02)2312-2368

Makeblock

PCB Mill-Drill Built From Makeblock Beams

By John Baichtal Posted 10/30/2013 at 10:58 am Category Electronics, Machining Comments 0

Makeblock is a sweet aluminium building set that has facilitated the creation of some cool projects ranging from nanoscopes to xylophones

Stijn Kuipers is using his Makeblock to build a PCB mill with two rotary tools.

史上最強金屬樂高

MAKER＋DIY＋ROBOT ＝ MAKEBLOCK

特色：

輕量堅固與樂高積木相容，更是3D印表機自建首選
四軸飛行器自配機身、履帶式、全向輪式機器人最
佳選擇，有樂高的重複使用性還有工業級機構元件
搭配，更可透過ARDUINO讓家中設備自動化與物聯
網控制，MAKEBLOCK絕對比其它同質商品更耐用。
更多使用範例請上 http://makeblock.tw

馬達種類：樂高馬達、直流馬達、伺服馬達、步進馬達
機構元件：滑軌、正時皮帶、螺桿、連軸器、全向輪
線性滑軌、機械手臂轉盤、機械手爪、軸承、滑塊...

本設備推薦參與競賽：
工業機器人大賽、TDK創思機器人大賽、田間機器人大賽
新光保全機器人、IRHOCS大專盃、亞洲機器人大賽

Gmii.tw

台灣獨家代理商 全佑電腦 http://gmii.tw
訂購專線：03-956-0365 http://makeblock.tw

史上最強Arduino整合電腦

UDOO是一款基於雙核或四核ARM Cortex-A9 CPU
具有強大的性能無論在Android和Linux操作系統，
並有GPIO專用的ARM處理器非常強大的整合電腦。
主要規格：
CPU i.MX 6 ARM Cortex-A9四核1GHz
Vivante GPU GC 2000 + Vivante的GC 355 + Vivante的GC 320
集成加速器2D時，OpenGL®ES2.0 3D和OpenVG™
SAM3X8E ARM Cortex-M3 CPU（同Arduino DUE）
內存DDR3 1GB
76完全可用的GPIO：62個數字＋ 14數字/模擬
Arduino的兼容R3 1.0引腳排列
HDMI和LVDS＋觸摸螢幕
2微型USB（OTG 1型A＋B）
2個USB A型（x2）和1個USB接口
模擬音頻和麥克風
相機連接PORT (自動對焦1080P 30FPS)
Micro SD卡讀卡器（OS）
電源（6-15V）和外部電池連接器
Rj45乙太網（10/100/1000兆比特）
內建無線模組
內建SATA
(以上規格依產品型號版本為準)

UDOO

Android/Linux + Arduino embedded

UDOO is a mini PC that can run either
Android or Linux, with an Arduino - compatible
board embedded

UDOO is an open hardware, low-cost computer equipped
with an ARM i.MX6 Freescale processor for Android and
Linux, alongside Arduino DUE's ARM on the same board!

文：戴爾・多爾蒂　譯：黃筱婷

Computers in the Mist
迷霧中的電腦

　　卡爾・赫爾默斯（Carl Helmers）在幼稚園時期就會設計太空船，而因為他曾經在紐澤西唸高中學會如何使用電腦，最後「幸運地」在貝爾實驗室獲得一個暑期程式實習生的工作。然後他以NASA承包商的身分，到休士頓替阿波羅登月艙安裝編譯器，甚至還撰寫了降落用的程式。

　　70年代的電腦既笨重又昂貴，但自從Intel在一場記者發表會介紹了4004和8008微處理器之後，赫爾默斯知道他已經可以負擔得起使用「現成」的零件組裝出一臺電腦了。「有很多像我一樣有過使用電腦替別人工作的經驗，而現在我們開始為自己組裝電腦。」

　　但是組裝這些小電腦能做什麼呢？業餘愛好者一直在尋找答案，所以赫爾默斯為他們創立了一本《位元（Byte）》雜誌。在1975年9月發行的創刊號裡，赫爾默斯寫給硬體人一句話，「樂趣是在建造過程當中，而不在使用或設計程式的時候」、「軟體是為了探索硬體的可能性而生」。但是自己組裝電腦的重點則是在於「想出有趣且奇特的應用方式」。其實電腦的實驗者們正仰望著一座巨大而不可攀爬的高山，其面前有三條可行的道路——一條是需要技術的硬體遠路；一條是軟體的陡峭險路，以及一條已有方向且難度不高的應用之路。這三條路之間相互依賴，最後則會在山頂會合，然而沒有人知道你會在這些路上找到什麼。

　　《位元》記錄了1980年代業餘愛好者主導讓電腦走入日常生活中的這場改革，而我們今日使用電腦的經驗絕大部分取決於它的應用方式。的確是如此，這個改革已經回歸原點，我們可以把網路電腦當作以前的大型電腦——只不過現在變成像雲一樣，而電腦則是遍布於雲霧之中。

　　BeagleBoard的開發者傑森・克里德納（Jason Kridner）這麼說到：「電腦已經變成一個家庭用品，如果機器不能與現實生活進行互動，只是在角落接上網路，那就失去它的實用性了。」克里德納還記得他年輕時用的電腦，並說：「當時我媽將磁碟片取下並把它們收在保險箱裡，讓我可以徹底地駭進那臺電腦」。就像Raspberry Pi的艾本・厄普頓（Eben Upton）一樣，克里德納想要將過去那種電腦再重新帶回現今的世界中。

　　克里德納是個從小就讀弗里斯特・密馬斯（Forrest Mims）的書長大的業餘電子學愛好者。他說：「最愚蠢的事情莫過於用微控制器來閃爍LED了，如果換做是我，就會改用555計時器。」因此為了滿足他的個人目標，他開始開發BeagleBone，並同時幫到了德州儀器，而他的目標則放在Linux的開發者上，他說：「我的目的是要給他們一個手掌大小的平臺，讓他們運用它做點什麼來超越Linux。」

　　「我並不了解所謂的自造者市場，」克里德納說，「在自造者還沒開始拿起開發板進行瘋狂、有趣的事情之前，燈就熄滅了。」離克里德納家很近的底特律 Maker Faire裡，有像傑夫・麥克艾維（Jeff McAlvay）的電路板組裝機貼片機和菲爾・波斯特拉（Phil Polstra）的保全設備裝置，都就是採用BeagleBone。而在《Make》國際中文版 vol.10 期介紹過的OpenROV也有使用BeagleBone。

　　在本期中，我們把這些小尺寸的新硬體編入業餘愛好者的二度革命大事紀中——有愈來愈多信用卡大小的微控制器和處理器，其中包含了 Arduino、Raspberry Pi和BeagleBone。

　　克里德納說：「真正令我感興趣的是看見科技不只是在雲端運作，而是可跟日常生活做連結。現在就是揭開電腦神祕面紗的時機了，並讓大家試著用電子設備製作東西。」例如：ArduSat衛星（一個開放原始碼的CubeSat衛星），以及由「行星實驗室（Planet Labs）」所展示可穿越到雲層之上的地球攝影衛星。◪

戴爾・多爾蒂（Dale Dougherty）是Maker Media的創辦人兼CEO。

James Burke

NATIONAL INSTRUMENTS™

NI myRIO - 前所未有的實作工程裝置
Design Real Systems, Fast

NI myRIO 是一款方便攜帶的嵌入式系統裝置，其優惠的價格，讓學生能以前所未有的速度完成進階設計，以及業界所需的工程系統。

適合的應用領域：

・進階學生專題 ・機電整合教學 ・控制與機器人教學 ・更多應用

 了解更多：**ni.com/myrio/zht**

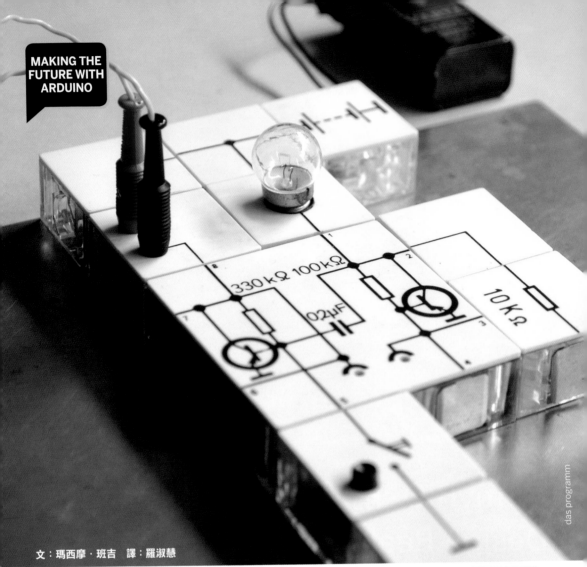

MAKING THE FUTURE WITH ARDUINO

das programm

文：瑪西摩・班吉　譯：羅淑慧

People Over MEGAHERTZ
超越兆赫的人們

孩提時期，我因為開始閱讀電子專業雜誌而踏入了電子之路。可是，利用雜誌學習電子是相當困難的事情。因為雜誌的內容不適合初學者，同時，專題也不怎麼有趣。那本雜誌的目標讀者是已經具有某種技術程度的電子電路愛好家，因此，並不會將內容專注在什麼是電子電路，或是使用什麼零件會有什麼作用等，以初學者為取向的解說上。

我開始正式學習電子，是在收到某套件禮物的時候。那是名為Lectron System的套件，是德國百靈（Braun）公司所製作的產品。立體體狀的零件宛如以磁鐵連接般，只要依照簡單的說明書加以串聯，就可以組成各種不同的電路。立體體呈現透明，可以清楚看到內部的電子零件。

那個套件備齊了所有元件。隨附的解說書還用心

加上了淺顯易懂的插圖，消除了使用者對技術的恐懼心，並且得以快樂學習。原版的廣告說：「看，才2分鐘，收音機就完成了。」那是千真萬確的事情。

使用者經驗設計

這個套件最有趣的地方，是可以在很短的時間內開始一個專題計劃並且從拆箱到可獲得某些結果的時間也非常短。因此，我透過了玩樂以及從中學習，進入了電子的世界，同時也對設計產生了興趣。

後來我才知道，這個套件是當時已經具有相當影響力的設計師迪特‧拉姆斯（Dieter Rams）所設計的。他在1960年代到1970年代期間任職於百靈時設計出許多傳說般的東西。並且對當時的「加州設計（Californian Design）」帶來了重大的影響。

迪特從更寬廣的視野來看待設計：他會建立設計的原則清單，但那個原則大多都表現出人與物體或空間接觸時的關係性。我也認為那是設計技術時，最重要的事情：比起技術本身，更應該考量到使用技術的人。

1980年代，我買進第一部電腦的時候，那是個大家終於不需要抵押房子就買得起電腦的時代。要使用那種電腦，我必須利用鍵盤輸入16進位，讀取液晶顯示畫面的數字。那部機器是Amico2000（Friend2000），和所謂的「使用者友善（User Friendly）」完全天差地遠。

我的Sinclair ZX81 Basic就進化了很多。雖然RAM僅有1KB，但我卻可以用它做很多種事情。它的設計十分簡單，並且能夠提供各式各樣的體驗。就算我因孩提時期養成的癖好而把機器拆解得四分五裂，從這幾個可以自行組裝的零件中，讓我覺得這些線路相當簡單。

而且，隨附的書本也編排得很好，就算是現在閱讀，仍舊很適合用來學習程式設計語言的基礎，並且逐漸朝更高階的概念邁進。

Arduino的誕生

話題就直接進入2002年吧！我曾在義大利伊夫雷亞（Ivrea）的IDII設計學院（IDII Design School）執教鞭。那裡是Olivetti起家的城鎮，至今仍生產許多Arduino控制板。那所學校致力於互動設計（Interactive Design）──一個考量人與技術如何串連的特殊設計分支。那是一個不光只是探討設計物體的外形，還要以人如何與其接觸的設計概念為基礎的想法。這是很最重要的事情，因為如果有個好產品，因為使用介面不怎麼好，結果就會變成有個不怎麼完美的使用者經驗（User Experience）的產品。

這所學校的學生通常沒有技術的背景。他們不瞭解編寫程式的方法，也不懂電子學，而且我們只給了學生2～4星期的時間讓他們製作實體運算的物品。當時，市售的工具幾乎都是以工程師為對象，所以不管是配件或是跳線、接頭的數量都很多。這對學生來說太過複雜且不知道該如何了解。在和學生們進行作業的過程中，我學習到了很多事物，於是在這項作業完成後，Arduino便誕生了。

使用者經驗的最佳化

只要仔細觀察應該就會發現，Arduino控制板是根據整合的使用者經驗，將多種開放技術納入製成的控制板。從拆箱的那一刻開始，從零到首次產生某些動作究竟需要多少時間，那是我們最想知道的部分。為了將每個人拉到正確的方向，那是相當重要的事情。那個時間愈長，人就愈容易在中途放棄。

我們相信，每個人都是站在自造者運動的最新階段的前端。在這當中，應該也有人正在穩健推行著全新的創舉。不管是什麼，我們希望大家能夠持續下去。但在這同時，更希望大家能隨時把整體性的經驗放在心上。搭載比其他機器更強大的100 MHz高速處理器是有可能的事情。可是，處置方式卻會因人而產生極大差異。比起不知道該如何使用的效能，讓人更有效使用的經驗反而更為重要。◢

瑪西摩‧班吉（Massimo Banzi）是Arduino計劃的共同開發者。

Experiments in 3D Printed Fashion

文：蘇熙·帕克揚　譯：黃筱婷

體驗３D列印時裝

迪塔·馮·蒂斯讓３D列印在她的訂製尼龍禮服上看起來美極了。禮服是由邁克爾·施密特（不在照片中）和法蘭西斯·畢頓提（右下圖）所設計。

時尚與科技是完美的配對，時尚對新鮮事物永恆不變的需求，驅使設計師們持續尋找新奇的材質和創意的方式來製作衣服，新興科技提供設計者新穎的靈感和機會來創造出前所未見的全新服裝。

就在幾季之前，隨著設計師將皮革推向伸展臺，將雷射切割運用在碎玻璃紋、運動網眼和千鳥紋這些基本元素的製作上時，雷射切割成為時尚界的謬思。雷射切割機為設計師們富有複雜而精細圖案的織物款式提供一個便宜的新製程，讓他們將皮革變蕾絲、壓克力變珠寶。

而今年則是由３D印表機站上舞臺中央，雖然目前３D列印技術與時尚的配合還是有點手腳不協調，有限的材料讓品味的呈現過於生硬、解析度過於粗糙，而且成本也太高，不過因為這個新興技術徹底地改變了服裝的設計和製作手法，也激發出設計師們的想像力。取代了手繪素描和二維的手裁花樣，設計師們可以用他們的衣服，以數位化方式來打扮３D電腦模特兒，這種方式為他們的衣服在創作和輪廓成型過程提供不同以往、前所未有的自由。

對荷蘭設計師艾利絲·馮·荷本（Iris Van Herpen）而言，３D列印樣式和配件已經成為她的個人標誌。身為首批在伸展臺上展示雷射燒結樣式，並引起轟動的設計師之一，馮·荷本的實驗性工作為３D列印服飾鋪好了路。她在2011年巴黎的「躍（Capriole）」系列處女秀上，用模特兒呈現出宛如精細動物骨架的壯麗禮服。而不同於前幾季，她最新的「電壓（Voltage）」系列更加接近穿戴式型態。

Albert Sanchez (Dita), Bitonti Studio (rendering), Jeff Meltz8

Andrew Tingle (detail), Shapeways (factory shots), Francis Bitonti (rendering)

藉由3D列印技術，設計師在新穎、彈性的材料在創新上下了賭注，馮·荷本的成功以及和「i.助你成型（i.materialise）」這樣的公司進行創意合作確實拉進更多的資源和人材，像是發展出「TPU92 A-1」這種富有彈性、輕盈並具耐久特性的類橡膠材質。

在馮·荷本催生新的彈性列印材料的同時，其他的設計師則是計劃從固體尼龍創造出彈性表面的結構，3D列印比基尼「N12」是一個美麗的案例，它是由「連續潮流（Continuum Fashion）」和Shapeways合作開發而成。靈巧的圓圈樣式排成的系統由細線串成，當你在需要活動時，列印出來的衣服可以隨之伸縮，這件比基尼也容易調整以符合各種身型，因為它的花樣是用演算法設計出來的。

設計師羅恩·阿拉德（Ron Arad）也使用3D列印為眼鏡品牌PQ製作眼鏡。這副眼鏡使用單一材料一體成型，含一條鉸鍊，使邊框可彎曲。

為了迪塔·馮·蒂斯（Dita Von Teese）的性感禮服，紐約設計師邁克爾·施密特（Michael Schmidt）和建築師法蘭西斯·畢頓提（Francis Bitonti）以費波那契數列為概念，發明了一種完全

鉸接式的網眼設計，Shapeways為馮·蒂斯曲線做數位剪裁，並用3D列印出令人驚訝的彈性尼龍。

3D列印時裝的真正影響力並不只是一種新的數位剪裁方式，它有潛力能夠為衣服的生產提供一種永續的製作方法。因為3D列印是一種加法技術，在生產過程中可以排除所有的浪費，更重要的是，衣服可以在當地量身製作以及接單製作，以消除剩餘庫存和交通運輸的需求。

如果說要宣稱3D列印會像網路瓦解音樂和電影產業那般瓦解時尚產業，其實還言之過早。但，隨著年輕一代新興設計師狂野不羈的想像力和可持續發展時裝的特質不斷地推動科技向前，3D列印時裝或許會成為廣為流傳的現實。☑

蘇熙·帕克揚（Syuzi Pakhchyan）是一位時尚技術家和第一本互動式時尚DIY書籍《時裝科技（fashioningtech.com）》的作者。

改變世界的
Maker Faire

文：黃雅信

凝聚自造能量的DIY展覽，再掀臺灣自造熱潮！

Maker Faire是全世界最好玩的DIY創意嘉年華，是自造者（Maker）展示DIY作品，促進自造者互動交流的展覽活動。2006年由美國《Make》雜誌第一次舉辦至今，在美國加州、紐約，及歐洲各大城市每年都吸引上萬人參加，新鮮有趣的動手做熱潮也在近年來延燒至亞洲，包括韓國、日本、深圳、香港、臺北等也都紛紛開始舉辦這個影響力強大的Maker Faire。今年在臺灣的Maker Faire: Taipei第二屆相較於去年，展場場地擴大了兩倍，人潮也倍增了。到處都可以看到爭相排隊體驗動手做工作坊的民眾，只要進到了展場，就能明顯感受到展場中充滿了「你也可以動手做」的氣氛。就像你走進迪士尼樂園，就算戴起米妮的大蝴蝶結帽子，或是穿起整套華麗的白雪公主洋裝，都不會奇怪一樣。因為那是一種氛圍，你會被影響，然後不自覺得就跟著人潮排起隊來體驗焊接了。

2012年《Make》國際中文版在臺發行後，臺灣

在這兩年來，自造能量呈現爆發性成長，自造者挑戰創造極限，並且號召了更多原本就是專業自造者的技藝師傅們出來加入自造者運動的行列，同時帶動了認同自造者精神的朋友們將觸角伸入製造、設計、教育、環境、藝術等各大領域。在今年Maker Faire: Taipei的會場，你可以看到有人做出了手掌大小且具備Wi-Fi功能的次世代仿生飛行器，還有鋼鐵人實作聯盟、JSPB槍、噪咖事務所的管風琴車等。雖然相較於全世界最大的美國灣區Maker Faire，臺灣的自造者運動還有很大的發展空間，但有趣、新奇、獨創的自造者與作品愈來愈多，足見臺灣自造者潮流的興起是有一定的潛力。

為什麼要關注自造者運動？為什麼要參加 Maker Faire？

過去半年我寫了不少宣揚自造者文化的文章，開始有一些朋友問我為何如此關注自造者運動的發

展？我的答案很簡單，自造者運動是目前在國際上備受媒體關注、最火紅的大趨勢。身為一個喜歡探索新世界，掌握最新趨勢的文字工作者來說，跟著這一波世界自造者運動前進，可以讓你走在潮流最前端，與創造趨勢的自造者們並肩，一邊開關新路，一邊記錄和學習。舉一個最知名的例子，安德森（Chris Anderson）這位自造者運動重量級領導人物，為什麼好好一個科技媒體知名雜誌《連線（Wired）》總編輯不當，2011年要辭職全心投入自造者專業社群？甚至還發展出3D Robotics和DIY Drones，推出許多可以廣泛應用的無人機，其中一個主要應用在農業上的「農業用無人機」（Agricultural Drones）還被全球科技領域最具指標性的《麻省理工科技評論》（MIT Technology Review）最新一期列入「2014年十大突破性科技」其中一項。如果你崇拜的科技巨擘大人物們都在關注自造者運動，那麼最簡單的，這些重量級領袖人物「為何如此關注」也是一件非常值得關注的事情。

不是普通的展覽！ Maker Faire是培育新時代人才的展覽

問到為什麼要去Maker Faire主打超好玩、超好逛的DIY創意大型展覽，今天如果我是家長，週末要帶小朋友出去玩，如果只是要好玩、有趣，那麼我去遊樂園就好，為什麼要去Maker Faire？我看到美國灣區Maker

Faire，隨處可見強調用雙手探索世界的DIY工作坊。比如說讓大朋友小朋友都玩得不亦樂乎的福特（Ford）木頭迷你汽車DIY工作坊，並且在一旁設置松木跑道，打造完迷你車立刻可以進行賽車比賽；或者可以帶著自己組裝的超酷無人機到Maker Faire現場，和其他製作無人機的選手一較高下。有許多重要贊助商也會派人在Maker Faire展場中尋找人才，這個場合的確非常適合尋覓適合的高手，並且在蓬勃壯大的自造者社群中，成功找到人或是被挖角的機會也是相對高。因此在我看來，Maker Faire是培育新時代創新人才、研發人才的重要搖籃。我也希望臺灣的Maker Faire未來也可以具有這樣的指標性。

我也知道創意並不是說有就有，而是需要從「教育面」開始培養起。這次在Maker Faire: Taipei中有可看到有熱愛自由軟體老師所組成的團體，他們了解創意除了天份，環境也是很重要的。他們將硬體機器人應用在一般教材中，並且研發性能佳、造價相對便宜的電路面板，讓更多學生能自行研究或組裝機器人。他們跟自造者不一樣，雖然做出來的成品不精密不高貴，也不是以華麗吸引眾人目光，重要的是自造者可以在教育現場扮演的角色，透過實際操作去了解事物的原理，營造不一樣的自主學習環境。臺北榮總資訊工程師鄭淳尹也說：「沒有人天生就是Maker！也沒有人天生就會創作，大部分還是要靠旁人引導。」

1. 用雷射切割製作的傳統掌中戲彩樓。由FabLab Taipei社群成員陳伯健製作。
2. 來自日本的今村謙之先生展示他的四旋翼。
3. ARRC火箭團隊帶來他們自製的火箭為大家解說火箭的原理。
4. 由「鋼鐵人實作聯盟」的各項穿戴式裝置聚集了超旺人氣。戴上鋼鐵頭盔可顯示當下行走速度，此外也可與電子羅盤、GPS顯示地圖結合。圍觀群眾們興奮地搶著戴上某些裝備，玩得不亦樂乎。
5. Pinkoi設計師「嬤嬤murmur」帶來的皮件製品。

臺灣需要有更多新鮮的自造體驗活動融入生活中，培養動手做的興趣。鄭淳尹特別看好自造者運動可以為臺灣帶來的正面影響，相信自造者將為臺灣教育界注入新活水，從發揚做中學、學中做的精神開始，以有趣、好玩為出發點，進而瞭解自己的興趣所在。

掌握最新自造資訊的最佳場合

我也聽過有許多自造者們和我說，Maker Faire是給自己的自造計劃一個最實際的截稿交件時間，可以激發出最大的自造潛力，並且把握在Maker Faire的時間直接在現場交流和分享，了解現在大家的計劃都做到什麼樣的程度，有哪些事情別人已經做了？哪些部分還可以再突破？因此，對許多自造者來說，Maker Faire最棒的就是可以認識大家目前都在進行哪些計劃，新技術的發展現況，社群經營到什麼程度，有哪些新資源可以利用或整合等，彼此激勵和切磋，是一個最佳資訊更新、經驗交流的場合。

Maker Faire下一步，成為最具影響力的展覽

原本不存在的自造者社群，因著Maker Faire展覽的誕生，我們才有機會使平時散落在各個地方的微型自造社群，聚集在一起形成強大的自造者社群；而自造者社群本身就是一個向心力強的研發團隊，集結技能與各種才幹而凝聚在一起的重要自造力量。「臺灣的自造者非常熱情和熱血！明年肯定更多人！」Dimension+超維度互動創意總監蔡宏賢興奮地說：「我們也在努力想要將傳統手作自造者或是時尚、成衣、穿戴式科技拉進這個圈圈來。」

Maker Faire不只是一個交流的活動，而是讓我們看見什麼叫做改變世界的力量。Maker Faire是產學界與世界建立連結的最好切入點，全世界都在盛大舉辦中，而且只有愈辦愈大，愈辦愈吸引各界人士關注的跡象，在臺灣的我們也要加油，希望明年的Maker Faire能有突破性的成長，全面啟動臺灣自造新動能。◪

黃雅信，畢業於國立東華大學英美語文學系。喜愛閱讀寫作、求知、接觸新鮮的人事物、分享生活的愉悅與感動。關注科技發展、數位藝術及社會企業創業等議題，以「記錄實踐夢想的故事」為畢生使命。現為中英文字工作者。

2014 TAiROS

「機」不可失
歡迎組團參觀

台灣智慧自動化與機器人展
Taiwan Automation Intelligence and Robot Show

7/31(四)~8/3(日) 南港展覽館一樓

展出項目　一窺機器人未來應用與發展

產業自動化	工業自動化、工業用機器人、自動控制軟體、關鍵零組件、自動化控制設備、機床暨工具機製造設備、高速切削刀具、精密量具、驅動元件及控制器、五金工具暨廠房設備等。
商業自動化	電腦輔助軟體、3D列印裝置、導覽機器人、國際公協會代表等。
智慧生活暨健康休閒	家庭自動化、服務型機器人產品及週邊零組件、智慧醫療及照護、老人照護裝置、護理之家系統、清潔、保全等機器人產品。
親子教育暨產學合作	提供各大專院校展出相關產學研究成果，以及教育、娛樂等機器人產品。

多元活動規劃　看展一天,增加一甲子功力

1. 國際論壇、技術論壇、先進技術論壇
2. 個別廠商產品發表會
3. 新產品新技術發表會
4. 智權媒合、供需媒合
5. 產學合作專區
6. 自動化工程師人才媒合
7. 體驗專區、導覽行程
8. 競賽－學生、廠商產品

指導單位：經濟部、教育部、科技部　　主辦單位：工業局、技術處、智動協會、展昭公司　　合作單位：台灣智慧建築協會

協辦單位：工研院、金工中心、精機中心、整廠協會、醫材公會、上海羅伯特展覽有限公司、台灣科技產業協會、研華文教基金會、工程科技推展中心

聯絡窗口：李宇傑 Dennis | tel：04-2358-1866 | fax：04-2358-1566 | email：tairos@tairos.tw | www.tairos.tw

Captain Nemo's
Dream Machine
尼莫船長的夢幻機器

Becca Henry

文：戈里・穆罕默迪　譯：黃筱婷　**fivetoncrane.org**

「五噸起重機（Five Ton Crane）」是一個加州奧克蘭的藝術家團體，他們的工作是透過精細程度超乎想像的大規模作品，把小說世界帶到現實當中。他們最近與克里斯多夫・本特利（Christopher Bently）和首席藝術家尚・奧蘭多（Sean Orlando）合作，製作出一臺向小說《海底兩萬里》致敬的陸地版鸚鵡螺號潛水艇藝術車。

這個重11,000磅、長25'、寬8'、高11'6"、最高時速13mph的作品，建造在2005老鷹TT8柴油引擎AWD機場牽引機上。它的特色還包括每分鐘可發射13加侖水柱的捕鯨水炮、液壓驅動控制系統、空調、夜視潛望鏡、一間雅致的圖書館、地圖室、殺手級的音響系統、銅製機械式光圈孔艙門、可用程式控制的照明系統，當然，還有樣本實驗室。從內到外沒有忽略任何細節，創造出一種實際搭乘潛水艇的體驗。

鸚鵡螺號在2013年灣區的Maker Faire搶盡風頭，甚至成為亞當・薩維奇（Adam Savage）對人潮爆滿的大眾演講的舞臺。尼莫船長一定非常的忌妒！ ◪

Gregory Hayes

Karen Kuehn

Gunther Kirsch

Joe Armao

SPACE STATION
in a SHED

文：蘿拉・科克倫　譯：黃筱婷
mkoutlier.com

　　如果只是隨意路過，克里斯多夫・雅各伯斯（Christopher Jacobs）家的後院小屋看起來平凡無奇，但在那小屋白色的外觀下潛藏了數百個開關、閃爍的燈光、播放動畫的電腦螢幕，以及一個綠幕——這全都是由雅各伯斯所建造出來的太空站電影場景的一部分。

　　這個計劃會開始是因為一位住在澳洲西福茲克雷（West Footscray）的居民寫了一部名叫《MK局外人（MK Outlier）》的科幻電影劇本。雅各伯斯在朋友哈利・荷提斯（Harry Hortis）的幫助之下，在家中後院建了這個太空站的場景。雅各伯斯的女

朋友也幫他縫製出一套電影中的太空衣，「99％用大力膠帶製成」。事實上，對所有的參與者來說，這部電影算是一個大型的DIY編外計劃，整個演員和劇組運用下班後晚間和周末的時間來完成拍攝。小屋太空站的骨架是由荷提斯先架起來，之後再由雅各伯斯接手，用隨手取得的東西製作太空站外觀和裝飾氣氛，他說：「我女朋友父親的老舊游泳池泵浦也裡面的某個地方。」

　　在嚴苛的氣候條件底下在錫屋裡工作是這個計劃最具挑戰性的部分，「夏天時就跟烤箱一樣，冬天時又冷得要死。

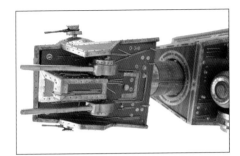

皇家酒徒
The Imperial
Drinker

文：戈里·穆罕默迪　譯：黃筱婷　**colinrhino.blogspot.com**

　　溫哥華英國哥倫比亞藝術家「木頭劊子手」柯林·強生（Colin Johnson）花了約600個小時，手工打造這個令人驚嘆、約小馬大小的AT-AT機械獸酒櫃。身為《星際大戰》的粉絲，強生受到帝國機械美學的啟發。這個「帝國酒櫃（Emperor's Cabinet）」是由高密度夾板、桃花心木合板、堅固的銅質邊飾以及玻璃組成的，它襲捲了6月在溫格華的迷你Maker Faire。◢

Caitlin McDivett

Twist OF Fate

命運翻轉手

文：戈里・穆罕默迪　譯：黃筱婷　**mikerossart.net**

麥克・羅斯（Mike Ross）是洛杉磯的一位藝術家，他對各種力量的型態感到著迷，不論是物理上的、政治上的、經濟上的，或是人性的力量。2007年，羅斯將他的想像力用一種令人敬畏的方式呈現出來，他將兩臺廢棄的油罐車組成一個高50'、重25噸的雕塑品，其中一臺用一種不自然地蠍尾扭曲形狀，危險地堆疊在另外一臺之上。

他巧妙地將它命名為「大鑽塔（Big Rig Jig）」，這件作品動用了7位全職人員和數量龐大的社區志工所組成的專案小組，總共花費3個月的

時間才完成。完成的作品並不只是一個觀賞性的迷幻藝術，更是一個建築空間，邀請參觀者走進下半部的貨車、爬進油罐車後前往上半貨車的後半段圓弧，一路到達離地面42'高的觀景平臺鳥瞰景色。

羅斯現在正在製作的雕塑品則是用兩臺美國海軍退役天鷹噴射機（Skyhawk jets）所組裝而成的。讓想像力盡情奔放吧！↗

Ryan Jesena

Hot
Bots
熱辣機器舞孃

文：戈里·穆罕默迪　譯：黃筱婷　gileswalker.org

　　一位英國的藝術家賈爾斯 沃克（Giles Walker）在20年前就已經做出煽情的藝術機器人和體感雕塑品。他的「脫衣舞（Peepshow）」裝置藝術有兩臺會旋轉、真人大小、頭部裝有CCTV的金屬和塑膠機器人，在他們中間的是一臺有擴音機頭、正在控制節奏的DJ機器人。「脫衣舞」的製作有利用到廢棄的擋風玻璃雨刷馬達和用 Wizard 3 軟體製作的電路板，是沃克對於在英格蘭持續增加的監視錄影器的一種反動，選擇脫衣舞孃扮演偷窺狂來展現它和權力之間的關聯性。沃克補充道：「我也很想知道我是否能夠坐在工作室裡，挑戰將一堆舊廢棄物變成性感尤物！」◪

Giles Walker

"MAKER"

MOVEMENT ACROSS THE GLOBE
開啟全世界與自造者的對話

專訪《MAKER自造世代》國際紀錄片導演蔡牧民、製作人賴佩芸

撰文：黃雅信

　　《Maker自造世代》號稱世界首部震撼全球自造者界的電影。採訪多位自造者運動重要靈魂人物，是一部探討「自造者運動」議題的國際紀錄片。由清一色是臺灣人的獨立製片公司Muris繆思，在導演蔡牧民、製作人賴佩芸與製作人楊育修的討論下，採用群眾募資平臺Kickstarter，在短短45天獲得七百多位網友支持，募得32,000美元的拍片資金。2014年5月17日於美國舊金山灣區Maker Faire舉辦世界首映會，並在5月24日的華山光點電影院舉辦臺灣首映會。

漸漸累積出作品集後，才開始接案，從廣告片、獨立樂團MV片子都接。2012年3月回臺後，在臺灣正式登記成公司，並推出《Design & Thinking設計與思考》這部75分鐘的長片，成為臺灣第一個在群眾募資平臺Kickstarter上成功募資的製片公司！我們公司一直都是在做創新和具有影響力的影片。尤其是今年5月發行的《Maker自造世代》65分鐘的長片，也是拍我們團隊非常有興趣的「自造者運動」主題，《Maker自造世代》紀錄片主軸不離我們花相當多時間研究的創新（Innovation）、社會影響力（Social Impact）、Maker生態（Ecosystem）等議題。

《Maker自造世代》導演蔡牧民在映前座談會中表示自己深受「自造者（Maker）」這個題材吸引，一來是這個題材可以在視覺上有相當精采的呈現，二來是認為這是一個走在前端、具有無限未來發展的議題。導演蔡牧民在訪談中興奮地說：「我覺得自己可以在數位時代工作非常幸運，尤其是科技民主化的部分，完美利用科技是我們在電影界相當競爭的市場中，脫穎而出的關鍵。」他表示原片長達40多小時，濃縮成1小時的精華電影，居然可以只用最一般的Canon 5D攝影機和普通的筆電就可以製作完成，製片過程也呼應自造者精神，用想要完成的渴望釋放更多感動的能量。「我們的設備非常簡單，只要用一個行李箱就可以裝完所有需要拍攝和製作的裝備。」蔡牧民認為自造者運動是非常有未來性的國際題材，他希望能透過影像以最直接地方式讓更多人看見這個議題。

我在去年聽了製作團隊導演蔡牧民和製作人賴佩芸的座談，以及製作人楊育修在花博進行的一場介紹美國「自造者運動」的精采演講後。在強烈地好奇心驅使下，我便前往與製作團隊認識，並且親自登門拜訪位於臺北師大夜市商圈裡的獨立製片公司Muris繆思的工作室。

黃雅信（黃）：請和我們介紹一下你們獨立製片公司Muris繆思。

賴佩芸（賴）： Muris繆思是一家位於臺北市的獨立製片的公司。我在美國唸的是廣告，蔡牧民唸的是電影，我們從還在臺灣唸中正大學的時候就相識、相戀。在美國唸書快畢業時開始了創辦獨立製片公司Muris繆思的念頭（因為美國求學時期的生活靠近矽谷，那裡整個大環境都會讓你有無限創業的渴望），剛開始兩個臺灣人要在美國拍片很困難，於是我們先挑自己喜歡的公司，免費幫他們拍片，

黃：為什麼想要拍《Maker自造世代》，什麼機緣下開始這個長片計劃？

蔡牧民（蔡）： 其實《Maker自造世代》這部紀錄片就是我們代表作《Design & Thinking設計與思考》的延續。那時我們正在忙著到各個國家跑《Design & Thinking設計與思考》的世界巡迴放映會，有許多觀眾問到我們為什麼沒有在片中提到自造者運動，因著觀眾的詢問與熱烈的迴響，我們開始有機會認識自造者運動這個議題，並且發現這個主題其實是和《Design & Thinking設計與思考》的精神是很有關係的。當我們發現這些主題都是息息相關的時候，便如火如荼地展開對自造者的研究，並且花相當多的時間和力氣閱讀文獻、資料、請教專家。在製作人楊育修的專業幫忙下，2013年的4月和7月共跑了兩趟美國，每趟赴美的拍片旅程都停留不到2周的時間，多虧有了他，我們才能在短短的停留可以順利的拍到多達24個採訪！其中包括引領國際自造者界的克里斯・安德森（Chris Anderson）、Shapeways的長官、美國熱門自造者空間TechShop等，希望這部影像的紀錄能帶給臺灣朋友們一些新的觀念和想法。我們將自己設定是「知識的貿易商」，在我們看來，臺灣也是屬於製造業發達的國家，如果可以把美國製造業轉型成功的概念，引進國外的新穎概念給臺灣和國際，刺激觀眾朋友們的視覺感官和思考的激盪，一直都是我們想做的事。

黃：《Maker自造世代》紀錄片主要想要傳達的訊息是什麼？

蔡： 在我們研究和調查整個自造者運動的過程中，我們發現有非常多相關的資料和影片，大部分都在討論硬體、數位工具、技術，但到目前為止我們還

沒有見到直接討論類似「自造者運動如何影響我們的生活」這種比較軟性和貼近大眾生活的主題。因此，我們開始思考從社會層面切入，討論自造者運動是如何影響經濟、社會和整個自造者生態圈。透過採訪和影像記錄的方式，試圖傳達與散播自造者運動的「精神」，以及它可能帶會對社會有什麼樣的影響。我們和許多自造者一樣，我們也是邊做邊學；在製作的過程中，我們抓到一個關鍵字「Empower」，若去查字典就是「使之有力量」的意思。我們想傳達的是自造者運動可以是一個概念，也可以是一種工具，使人有力量去實現夢想。

賴：自造者運動之所以會如此成功，就是因為它有一個完整的生態去支持它；這部片談到的生態包括創意概念發想、打造原型、群眾募資（測試市場機制）、製造、行銷，每一個部分我們都有在片中都有討論到，其中在製造方面討論的比例稍微多一些，包括去拜訪Shapeways的工廠，討論大量客製化的可能性。

黃：製片的過程中，最好玩的地方，最挑戰的地方？
賴：最好玩的地方大概就是看到非常多很新奇的

動手做的作品，和小朋友一起動手做真的非常有趣！尤其是在Maker Faire，可以認識、發現很多喜歡DIY動手做的作品，以及一些特別的跨界合作的計劃。像其中一項結合生物學的3D印表機計劃「BioCurious」我們就節錄在影片中。
蔡：比較有挑戰的地方大概就是學習硬體和科技。像是硬體的部分，比如說Arduino，許多人和我們說它非常好用並且容易入門，但是這對於背景是外國文學和電影製片的我們來說，仍然有相當的難度。另外，在剪接紀錄片的部分也是一大挑戰。在剪輯《Maker自造世代》時，很多意見領袖或大師，要聽他像演講一般把話講完，可能觀眾已經睡著了，這時就得透過剪接師的巧手，藉由剪接讓電影呈現得更緊湊有力。

黃：未來有規劃想要拍什麼片嗎？
蔡：目前我們正在全臺灣跑《Maker自造世代》紀錄片的放映會巡迴，我們當然是希望可以繼續做長片啦！如果可以都不用靠廣告片接案，專心做長片的話那就真的太幸福了！未來的拍片計劃會持續往我們熱愛的「創新（Innovation）」主題發想。我們公司拍片的主題將不離創新、科技、潮流趨勢、

企業等重點主題。如果觀眾有建議的題材，也歡迎來信和我們推薦。

賴：《Maker 自造世代》紀錄片片長只有65分鐘，雖然無法完美解析自造者運動的所有細節，仍希望能夠藉由影像的力量，引起更多人關注這個議題。很多朋友直呼電影看到最後會「真的會讓整個人都起雞皮疙瘩」！請大家準備好，體驗「看完就想立刻衝出去做東西！」這部充滿夢想與希望，激勵人心的電影吧。 ◪

✚ 更多資訊：《Maker 自造世代》電影官網www.makerthemovie.com/chinese

黃雅信，畢業於國立東華大學英美語文學系。喜愛閱讀寫作、求知、接觸新鮮的人事物、分享生活的愉悅與感動。關注科技發展、數位藝術及社會企業創業等議題，以「記錄實踐夢想的故事」為畢生使命。現為中英文字工作者。

《Maker 自造世代》片中重量級受訪者
（僅列出部分受訪者）

Chris Anderson
自造者時代「Makers: The New Industrial Revolution」作者、3D Robotics執行長

Tim O'Reilly
歐萊禮媒體 O'Reilly Media 創辦人

Dale Dougherty
Maker Media 執行長

Carl Bass
歐特克 Autodesk 執行長

Charles Adler
群眾募資網站 Kickstarter 共同創辦人

Danae Ringelmann
群眾募資網站 Indiegogo 共同創辦人

Eric Migicovsky
在群眾募資網站 Kickstarter上募款金額最高的 Pebble Watch 執行長

Jim Newton
自造者空間 TechShop 創辦人

Eri Gentry & Raymond McCauley
生物自造者空間 BioCurious 執行董事 & 負責人

Duann Scott
3D列印公司 Shapeways 設計師

Damien Declercq
獨立車廠 Local Motors 新事業發展部總監

HIGH FLYING

Hope

文：喬恩‧卡利森
譯：謝孟璇

一線希望，翱翔高飛

彼得‧林恩的夢想懸於天上一線

賞鯨：出自林恩之手、長52'的藍鯨風箏（也有26'大小，以及與藍鯨實際體型相符的98'全尺寸）於2013年7月翱翔於紐西蘭清水湖上方。

　　紐西蘭風箏自造者彼得‧林恩（Peter Lynn）住在離基督城南方約一小時路程的阿什伯頓市（Ashburton），在那兒他擁有30英畝土地。我和這位66歲的工程師從他與他妻子艾爾溫的房子開始步行，沿途經過掛著他「工程博物館」（The Engineerium）標誌的個人工作室，然後再走向泥土路上一間製造風箏的工廠。此時很難不注意到這裡還有，呃，其他的企業承租，包括廚房建設商、舊貨商、回收中心以及「修板金」（panel beaters）──在美國這是指汽車碰撞維修服務。也因此，會在這裡看見1918的貝塞麥（Bessemer）油井抽油機，也就不教人意外了。林恩似乎很喜歡這臺古董且絲毫不環保的機器。他俏皮地說：「搞不好我們家後院會用到。」

　　林恩帶我來到他父親過去儲存木材、經營木工企業的倉庫中，那裡現在已變成他40年來風箏企業的「文獻資料庫」。「這邊有些是你大概不會樂見的瘋狂點子，」他笑道，好比說「耶穌腳」（Jesus feet）這

個風箏，是大約5'長、能牽引操控者於水上滑行的玩意，也是林恩早期嘗試的「水上風箏」（kite boating）成果之一。「把它們綁在腳上，就能出發啦！」林恩解釋。「它真的能用，只是很難控制方向。」

　　倉庫其他地方，放著一臺重足三噸、約

Peter Lynn

Jon Kalish

是 1902 年製的坎貝爾（Campbell）分框可攜式引擎，林恩說，這臺機器是從一座 1931 年廢棄的沼澤裡，花了九年才完全才挖出來的。「接著，我又花了 9 年的時間才把它組裝好，換上新的零件。現在我會帶到一些舊引擎展覽上啟動它，讓人觀賞。」他繼續說：「這種柴油機很稀有。我猜世界上也許還

找得著第二臺，但恐怕是沒有第三、第四臺了。」

接著，林恩開始展示一臺他製作的斯特林（Stirling）引擎，言談之間他滿臉熠熠。這個引擎是裝載在長約 26'、像獨木舟的容器中，形狀就如同一般 19 世紀大湖型（Great Lakes）扇形汽艇。「只要讓引擎熱起來，就能出航囉！」林恩如此描述一

1

1.2012年加州艾文帕乾旱湖系列賽中,布萊恩·霍爾蓋特操控著以近9'「林恩飛波風箏」為動力拉行的「高速越野車」(Speed Buggy),不僅打破了風箏越野車速記錄,也一併打破了歷年的風箏飛行速度記錄。

2.林恩所製作的78'長烏賊風箏,飛行於澳洲阿德勒風箏嘉年華上空。

3.「新兆雷」,世界最大風箏之一,由林恩製作、科威特風箏團隊擁有,面積達1萬3,455平方英呎。

4.於工作室裡手工縫製的巨型風箏。

5.站在「新兆雷」大嘴底下的人們,正好能對照出它的巨大尺寸。

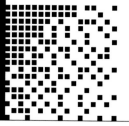

> 「當下我要不是被風箏線切成兩半,就是溺水而死。機率各半。」

臺取名為「扇尾鶲號」(Piwakawaka)的汽艇。在「扇尾鶲號」附近的地板上,有一艘黃色的小船,那是林恩正持續改良的風箏航行零件。

林恩認為風箏其實比風帆更能幫助水面上的船隻移動。「現在還沒有這種作法,」林恩說,「但我相信有天能做到。」他從小時就不斷實驗以牽引風箏來拖曳各種車輛與船隻的想法;結果成敗不一。

小時候他經常在阿什伯頓市街道上,以風箏牽引小輪車和腳踏車。有一次在學校操場放風箏時,小林恩騎著腳踏車全速前進,卻不慎被風箏線絆住,差點割了自己的喉嚨。「我差一點砍了自己的頭。」他用帶有濃厚口音的紐西蘭式英文說道。

自1987那年起,他開始把自己的專業重心放在改良能供動力船、手推車、滑板及滑橇用的牽引風箏上。1987年末或1988年初,林恩來到距阿什伯頓西北約45英哩的清水湖(Lake Clearwater),實驗

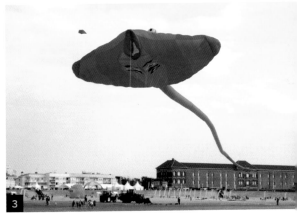

一艘裝載降落傘傘翼的雙體船。當他的船隻啟動時，所有風箏線加起來大約有1,000磅重（約450 kg）的拉力。不料當時發生了翻船的事故，他隨即被扯入水底，困在風箏線與雙體船殼之間。風箏以約15節（約每小時28 km）的速度不斷反向拉扯，而且隨著船身的扯動路徑，湖面湧起了巨大的船尾急流。

林恩回憶當時，「當下我要不是被風箏線切成兩半，就是溺水而死。機率各半。」他發了狂似地試著從尼龍繩中脫困，浮到水面端口氣；好不容易成功掙脫後，又游了很一段才回到岸邊。他估計自己大約游了1英哩才逃脫危險。那艘小船繼續被拖扯至湖的上游，穿過一片沼澤，並在鄉村地區沿途滾跳了1英哩，最後跟著風箏卡在岩丘上，不過就算經歷這些，那只風箏還好端端地飄在空中呢。

儘管發生這些事故，林恩對風箏動力的發展卻依然有巨大貢獻。1990那年，因為天氣太冷而無法在湖上航行，林恩將一艘原本裝載三片滑雪板的船，改裝成三輪越野車，成功在陸地上駕駛。「哇，效果可真好。」他心想。幾週後，他開始製作能以腳控

制駕駛方向的風箏越野車。根據林恩的說法，雖然當時他受到歐洲的「風箏財團」的壓制，使他進軍市場受阻，但是風箏越野車很快在歐洲引起風潮。依照他預計，現在已有超過1萬輛他的越野車，在沙灘與郊外地區晃來晃去。林恩也曾經製造風箏雪橇，由他設計的其中一輛，正是2006年兩位澳洲人用來橫跨格陵蘭（Greenland）大陸、完成435 km長征的交通工具。

林恩相信引擎是風箏製作中極為重要的部分。很快地他了解到越野車需要更好的風箏來牽引，所以他開始嘗試可左右方向的雙風箏線操風箏。同時，他也改良風箏使用的線材，這對牽引風箏的發展產生了重大的影響。他所設計的牽引風箏使用了合成纖維，包含Spectra這種強韌的超高分子量聚乙烯。

如果我們請林恩解釋一下風箏背後的物理原理的話，他就會滔滔不絕地談起微積分裡的駐點、空氣流速與伯努利定律（Bernoulli's theorem）。但是最關鍵的，是他所設計的牽引風箏，能讓越野車速度跑得飛也似的。簡單地說，目前靠風箏為動力旅

6

7

8

John Kalish

6.林恩於結冰的清水湖湖面測試他的冰上越野車，其動力來自他設計的26′動態輪廓鋁箔風箏原型。

7.「高速越野車」因為具有低滾動阻力與流線型特徵，能增加風速，在31mph的風速環境下達到75mph的車速。

8.林恩親手製作的斯特林引擎與扇形汽艇。

9.林恩還擁有罕見的3噸重、約1902年製的坎貝爾（Campbell）分框可攜式引擎。

行世界的紀錄，是在2012年3月6日所創下的，地點位於美國加州艾文帕的沙漠小鎮，當時當地風速高達55 mph。

布萊恩‧霍爾蓋特（Brian Holgate）所駕駛的越野車時速高達84 mph；那臺越野車是克雷格‧漢森（Craig Hansen）、蓋文‧慕斐（Gavin Mulvay）與林恩三人共同設計的成果，動力則是來自林恩設計的「飛波2.7」（Vapor 2.7）牽引風箏。風箏上的兩條牽引繩，連接在駕駛肚臍與臀部之間的翼間支柱桿上。林恩說，他希望風箏越野車能達到近100 mph；不過在拉斯維加斯從事電視製作的霍爾蓋特野心更大，相信風箏的速度不只如此。現在這聽起來像癡人說夢，但是霍爾蓋特認為終有一天，風箏越野車的速度能打破2009年英國風力汽車隊伍所締造的126 mph佳績；該隊伍屬於「綠電能源綠鳥」（Ecotricity Greenbird）公司，其出產的是堅固的陸地風帆遊艇，算是目前地表上最有資格說嘴、最快速的風力驅動車。

此時此刻，林恩的其中一件作品正名列金氏世界紀錄世界最大風箏排行榜上：一只面積達11,000平方英呎的科威特造型風箏，奪下了2005年的冠軍頭銜。它打敗了先前的紀錄保持者——也就是林恩名為「大食代」（Megabite）、面積達6,800平方英呎、造型酷似某種滅絕海洋節肢動物的風箏。林恩還有一只更大型的「新兆雷」（New Mega Ray），

只是並未正式列入記錄。

　　林恩也是軟風箏創作的先驅，軟風箏充滿空氣，膨脹而缺乏骨架。若你未曾見過它們成群在天空飛翔的模樣，只要想像紐約梅西百貨的感恩節遊行就知道了。不過不同的是，這些展示風箏的造型通常不是卡通人物，而是以海洋生物為主。在這類風箏嘉年華裡，林恩的魅力足以媲美搖滾明星。他頻繁地在全球各地旅行，展示他的創意設計，包含每年4月於法國海岸邊貝爾克（Berck sur Mer）舉行的世界風箏盛會，現場有將近百萬名觀眾共襄盛舉，讓這場盛會延長成為期9日的嘉年華。

　　從事風箏製作產業超過40年，林恩似乎已經接受了自己對這些於空中飛行之龐然大物的入迷。其實他心裡一度對自己的決定感到掙扎，不知是否應轉行到結合熱能與動能的製造業，但是現在他說自己「很高興沒有改變主意」；也很高興沒有跑去做行動鋸木廠。「我現在做的事，」他說，「從不讓我覺得無聊。」◪

WOODWORK
My First Seventy Years
Bob Lynn

WITH A COMPREHENSIVE SECTION
ON ORNAMENTAL TURNING

認識林恩家族：
一個精力充沛的幫派

林恩家族似乎天生就流著動手製作的血液。彼得·林恩的父親鮑伯·林恩（Bob Lynn）於2012年初以97歲高齡辭世；他是一位房屋建築木匠，曾經以紐西蘭原生特有樹快快木（kohekohe）與紐西蘭特有種木姜子（mangeao）為材料，負責紐西蘭國會建築的木工部分。他還在阿什伯頓市成立了「木工與車削工具博物館」（Museum of Woodwork, Ornamental Turning and Tools），並撰寫了一本書，《木工：我的第一個七十年人生》（Woodwork: My First Seventy Years）。

彼得的兩個兒子彼特與羅伯特，師承父親，皆取得基督城坎特伯里大學（University of Canterbury）的工程學位。他們倆都離開了紐西蘭，而39歲的彼特·林恩（Pete Lynn）任職於舊金山「另類實驗室」（Otherlab），這是一家由《Make》專欄作者沙爾·葛瑞菲斯（Saul Griffith）所成立的工程公司；並封彼特為「首席裁縫執行長」（Chief Seamstress Officer）。

彼特在公司裡負責充氣機器人（於《Make》國際中文版vol.10中露過面）與替代能源，他進一步解釋前便先坦承一點「基本上我喜歡搞怪。」他在「另類實驗室」的其中一個企劃，就是得利用不停移動的小鏡子、以找出最節能的方式駕馭太陽能，且靠它來發電。

彼特的哥哥羅伯特（41歲）住在英國，同樣也在能源領域一展工程長才——他鑽研的是熱泵（一種能抽取空氣或地面中熱能、為建物加熱或冷卻的裝置），他說「這需要巧妙地應用熱力學」。羅伯特曾受僱於歐洲的某奢華跑車公司，為他們研發引擎（羅伯特在13歲時便與父親共同製作了第一座引擎）。他對內燃機的興趣，「完全是家族遺傳」，他笑著說。

9

✚ www.peterlynnkites.com

喬恩·卡利森（Jon Kalish）是曼哈頓的電臺記者與podcast製作人。若想進一步了解電臺、podcast及NPR的報導內容，請造訪Kalish Labs，網址是 jonkalish.tumblr.com.

TigerGATE

文、攝影、繪圖：提姆・杭金　譯：謝孟璇

設置老虎閘門

當有人委託我為倫敦動物園的老虎設置閘門時，我怎能不答應呢？世界上還有什麼任務比這個更迷人？

在以前，動物園通常使用橫向滑動的閘門。隨著健康與安全的標準愈來愈嚴格，動物園得重新為老虎設計更精巧進步的圈籠。當時簡式的橫向滑動閘門已有五處出現問題，而且這些閘門需改為直向滑動才行。剛開始，我不了解為什麼改成直向的很困難，到後來我才知道，原來這裡頭問題重重。

建築師與動物園管理員曾經造訪過維也納動物園，該動物園使用的是極為精密的電動直向閘門。我猜倫敦動物園大概是無法負擔那種昂貴的設備，希望採用比較平價的解決方案，所以才會找上我。其實我一開始的想法，也是認為電動門並不理想，它只要一出問題，動物園的維修團隊便束手無策，只能另外求助於專家。若閘門是完全機式的，維修團隊比較有可能自己動手修復。這就是所謂「KISS」技術——「愈笨愈好用」（keep it stupidly simple）。

我想出來的機械設計的確非常簡單，但更重要的是，它真的可行。舉例來說，我使用的是最單純的尼龍繩作為滑帶，而不是滾軸，因為滾軸經常會卡住；而且我用的是聚酯繩而不是鋼繩，因為我也曾碰過鋼繩斷鏈的問題。這很類似核子工程中「故障時仍保證安全」（failsafe）的作法。我把我的草圖呈上去，很開心能獲得他們的認同。

當設計可行時，我們總以為只要按部就班去執行就對了。不過實際上，自此挑戰才真正開始。首先，我們得精確地設計出門框。這很重要，因為門軌必須完全平行，到時閘門才能順暢滑動。每一次焊接都會稍微使門框扭曲，因此弄清楚哪裡需要鉗住、以及焊接的順序為何，真的是一門功夫。稍後我才發現，其實讓門框與閘門之間鬆動一點反而比較好，所以其實根本不需要這麼麻煩。

小心老虎的尾巴

　　維也納動物園的閘門做得非常堅固，為的是防止老虎的爪子陷在裡頭。但我沒想到，我的門框兩側不過使用了1.55mm厚的鋼板，卻已經重達30kg！這樣子閘門勢必太沉，繩索很難輕鬆拉起，而且整座閘門看起來好比一座可怕的斷頭臺。一直在協助我的格雷姆‧諾爾蓋特（Graham Norgate）還點出一個問題，那就是這種閘門需要鎖定裝置才能保持開啟；另一點是這種直立門會讓動物園管理員很緊張，因為老虎可能趁機跑出去，開啟的門一不小心甚至可能砸下來──我可不希望成為壓扁老虎尾巴的罪魁禍首。

　　我增加了配重，不過如此一來繩子鬆開時，閘門將無法順利關起。為了解決這個問題，我又添上另一個滑輪。這麼做能增加機械效益（功率）：繩子的長度會是原本的兩倍，但是拉動時只需要一半的力氣。第三天時，我們測試了閘門的原型。基本上它能起作用了，只是鎖定裝置還不太好用，而且閘門在滑動時很不順。再過一天後，我們就改善了問題，把閘門帶到動物園去，展示給管理員看。

　　動物園裡一位波蘭裔的建商皮耶茲梅克‧圖利須卡（Przemek Tuliszka）幫我組裝起來好進行測試。他認為管理員們有些

(圖示標註)

PROTOTYPE VERTICAL GATE FOR LONDON ZOO TIGER ENCLOSURE

GATE

NYLON BLOCK

EXTERNAL APPEARANCE

YACHTING PULLEY BLOCK

DETAIL ABOVE MESH & GATE

LIFTING ROPE

LOCKING ROPE

DETAIL ABOVE OPERATOR STATION

20kg

LOCKING ROPE INSIDE TUBE

HOLES FOR PADLOCK

DOOR 1.5mm GALV STEEL BOTH SIDES WEIGHT 30kg

EXTRA PULLEY

瘋狂。「我們正忙著把牆的厚度增厚兩倍，但是說真的一隻老虎能有多重？也許120 kg吧，比一輛車子還輕耶，實在沒那麼危險。」

防貓科動物？沒問題！防熊？那可不一定

終於，管理員們和行政職員們都抵達現場了，在簡短的說明後他們開始親身體驗。一位蘇格蘭裔的管理員使勁全力往門猛踢，門上卻沒有留下任何痕跡——閘門堅固得令人滿意。不過，他接著在閘門還鎖住的情況下繼續測試，使勁全力拉下吊繩，並讓鎖定桿因此移動了一點點（還不到能開啟閘門的地步）。他的心得是：這個設計對於大型貓科動物是足夠的，但是絕對抵擋不了熊的攻勢。貓科動物基本上都很懶散，很快就會放棄嘗試；但是熊不一樣，牠們可以持之以恆。

雖然閘門通過了堅固與否的測試，但是這個堅固卻也導致了另一個問題。我過去一直以為擔任老虎管理員的人會是強壯的男人，沒想到倫敦動物園裡的哺乳動物管理員是採團隊合作的方式，而團隊中至少有兩位是身材嬌小的女性。對她們來說，這閘門實在沉重得難以升起，即使我們加上另一個滑輪也一樣（我發現人們對抬升重物的態度這些年有劇烈改變：以前煤炭的包裝總是以100 kg為一袋，水泥則是50 kg。後來包裝袋重減少為頂多25 kg；現在呢，不論有多重，只要可能傷到背部，人們便一律抗拒。）

如果我們再添加任何配重，閘門就關不起來了。剩下來唯一的辦法就是降低摩擦力。我原本認定主要的摩擦力是來自滑帶，但我們隨即發現，真正問題是在滑輪上——我們原先用的都是只有簡單軸承的遊艇滑輪。我們當然可以用有滾珠軸承的豪華遊艇滑輪，問題是就連那種軸承都是外露的，在海上這不成問題，但在陸地上並不適合，泥土稻草等很容易讓軸承卡住。因此，我們著手自製了密閉滾珠軸承的滑輪，結果非常令人滿意，它能讓拉起閘門所需的力氣再次減半（從15 kg減少至8 kg）。

有兩位管理員答應到我的工作室來再測試一次，其中一位，是管理員中體型最嬌小的女生。她成功而且輕鬆地控制了閘門，並且提出幾個合理的修改建議，尤其是像在鎖定繩上標示出「上鎖」以及「解鎖」兩處位置，以利操作。

期待和計劃

最初我的計劃是希望原型成功後，將這份設計交給某個公司製造，並由他們安裝。然而，隨著設計不斷演變，我感到愈來愈焦慮，我認為交給別人執

「我可不希望成為壓扁老虎尾巴的罪魁禍首。」

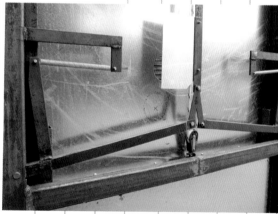

大貓的搖籃：製作像是老虎閘門這種機制的原型時，研發團隊需與動物園管理員密切合作，因為管理員是動物行為專家。由管理員測試過的滑輪、配重、以及親自試用，都會主導最終的設計。

「一旦走入
工地，一切都
混亂不已。」

行可能會出大錯，於是最後，我決定要親自安裝。

我用 CAD 把所有部分畫出來以便製作，但是與我合作的「東方硬體」（Eastern Hardware）表示希望能見到具體的原型，然後直接按原型製作。我個人也傾向這種方式，不過這就需要製造加工者（這一次與我合作的夥伴是布萊恩・歐菲斯）的協助，能隨機應變地解決製作時突發的問題，而不是死板地按照草圖行事。

我立刻就覺得可以信任布萊恩，他的專業能幹讓我覺得自己很幸運。所有零件鍍鋅後，我們倆花了兩天時間合作組裝。和皮耶茲梅克一樣，布萊恩認為這樣的設計「有些過頭」了，他才剛在電視上看到紐西蘭有人把老虎當作寵物養。該養虎人士宣稱，只要絕不餵食老虎生肉（總是把肉煮熟），而且每天幫牠們洗澡，阻止賀爾蒙累積，那麼老虎可以是非常溫馴的。

安裝本身就是件棘手的事。我以前總習慣把所有可能用上的工具一次打包好，免得到了工地現場，一有短缺得再去購買，來回可能就浪費好幾個小時。過去我還經常離家工作時，廂型車上總是塞滿各式工具，但是現在我不這麼做了，廂型車裡頭早就空空如也。同時，工具用電規格也是個問題；這次安裝工地需要的是 110V 的工具，而我一件符合的也沒有，因為英國的工具都是 230V。我只好租一

些 110V 的工具，且帶上我的發電機，免得現場臨時需要什麼 230V 工具。

我很不習慣在工地工作。在進到工地前，一切都制式有序：有建築師的草圖，有風險分析與方法陳述的紙本作業，有強制的安全服裝以及歸納講解。不過一旦走入工地，一切都混亂不已，所幸這都是良性的混亂而已。正式安裝那時已值入冬，潮溼的前個秋季，使現場堆積著厚重的泥濘、或覆蓋著雪或冰。

我留下了不可磨滅的印記

我們在那兒不到一小時，就把自己搞得灰頭土臉。有位負責搬運的人幫忙把做好的閘門運送到安裝地點，那兒正巧有臺拖車，因此我們決定，將所有東西放到拖車上，整路拖行過去。這真是一個不智之舉，因為我們腳下的水泥前一天才剛鋪好，如此拖行讓地面留下了無法磨滅的痕跡，我只好出面承認闖了禍。接著，一大堆行政職員跑過來，花了比永遠還久的時間檢視地面傷害。我也因此受到強烈的譴責；這件事使我在接下來的安裝過程中膽顫心驚，不停擔心接下來還會跑出什麼問題。

事實上，接下來讓我大為震驚的，是圈籠的尺寸居然出了問題。雖然建築師的草圖看似精確無比，但圈籠實際上卻低了 50mm 左右，繩子原應穿越

從設計到現場製作：製造加工者布萊恩·歐菲斯（左下方）在工作時是參考閘門原型而非CAD繪圖。安裝與測試時，由於出現突發的狀況，所以花了好幾天才完成。無論如何最後的設置總算成功了；倫敦動物園的老虎們，終於有了耀眼的全新閘門能使用。

的樑柱則低了100 mm。整個安裝團隊只好開始忙著削磨所有部分，使閘門尺寸相符，我們只好循其成果繼續工事。在已經鍍鋅的鋼料上鑽洞、切割、焊接，照理說是非常不恰當的，因為這樣就無法預防生鏽。好在這個鍍鋅防護法與電池一樣具有時效，空氣中的氧傾向攻擊鍍鋅處，同時還能延伸保護後來才暴露的鋼料。

只是我們的進度非常緩慢。三天過後（我本來預計只需三日便能完成閘門安裝），我們還無法完工。接續的那個禮拜，我們回來繼續努力讓所有部分尺寸相符。我們在工地又待了兩天，且在斷斷續續的雨雪天候中工作，直到所有閘門終於設置完畢，而且都能順利運作為止。

管理員們再次前來檢查然後認可完工。看過原型的他們，在發現這閘門是實心板時，仍然感到訝異。對他們而言，有網眼的門比較方便，能看到老虎在圈籠內的位置。如果我們一開始就使用有網眼的門，整座閘門重量會減輕許多，根本不必再費勁加上滑輪、或減少摩擦力。這簡直是超乎想像地讓人挫敗！儘管我一開始滿懷熱忱地接手了，這份工作卻連迷人的邊都沾不上。在冬天安裝有時還頗悲慘的，而且，要直到安裝完畢後的一個月，我才真正見著一隻老虎。

不過無論如何，我還是很以這些閘門為傲。有些

人從事極限運動，而我從事極限製作。我其實不應是這類工作的最佳人選——因為我通常製作比較藝術性的東西。在過去，對動物園來說，想找一家公司負責設計並安置閘門，並非難事。

英國曾有數以千家的小型工程公司；但是現在，這些能逐步「現代化」的工程公司，其營運方式比以往正規。即使他們願意承接這種小案子，也會索取昂貴的費用，而且面對閘門尺寸出錯等問題，是無法以彈性方案解決的。像布萊恩·歐菲斯這樣末代傳統工程師都已紛紛退休，所以往後這類特殊的案子，可能就要交到我或其他自造者的手中，或者交到願意親身處理實際問題、然後持續製作的人手中了。◾

提姆·杭金（Tim Hunkin）擁有工程師背景，後來成為英國某星期日週報的漫畫家。他還曾製作〈機器的祕密生活〉（The Secret Life of Machines）一電視節目，現在在英國邵斯沃德（Southwold）經營自製投幣式機器遊樂場。

始於 Kickstarter 的滑板車
KICK

從自造者到工廠生產：重新思考如何規劃產品規模。

不久以前，有件事情任誰聽了都會覺得奇怪——那就是居然會有足夠多的人，願意花錢購買古怪的企劃產品，甚至讓它獲利進而能大量生產。但是今天，多虧了群眾集資的力量，這種事情已經不再稀奇了；它不斷在自造者身邊發生著。至少，它就發生在我與我的夥伴這間兩人設計公司「CW&T」（cwandt.com）上；我們曾經設計過一支筆，在Kickstarter上預售了50枝。當集資活動正式結束時，我們居然接到了超過5,500份訂單！如此大規模、且超過原先集資目標的成果，讓我們足以將原先的小企劃，轉換成進入工廠生產的產品。

我們用了一年的時間靠工廠製造出6,000枝筆；那之後我們其中一個新企劃，就是要製作滑板車。開始設計滑板車時，我們一直在思考哪些作法能幫助我們進入大量生產。問題是，我們根本沒有錢能投資到工具設備或客製零件上；要是最後沒能成功怎麼辦？要是開始動手後，發覺這個產品很無趣怎麼辦？到後來，我們只能放棄所有想法，什麼都沒做成。終於我們決定，不如盡量使用現成的零件來設計滑板車，像是庫存裡的1"鋁管、長板，以及直

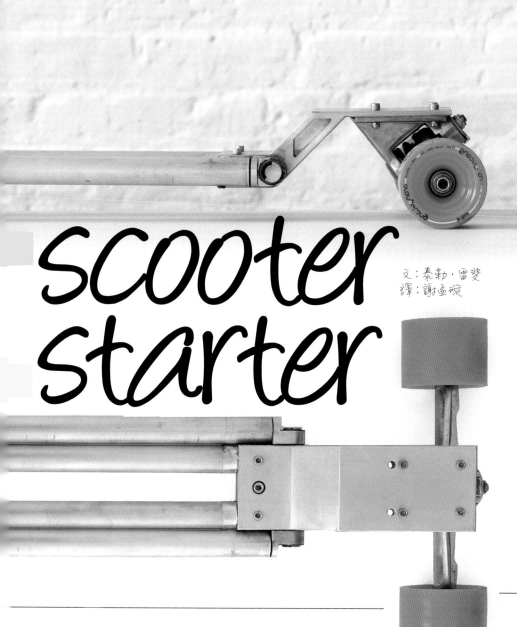

scooter
starter

文：泰勒·雷斐
譯：謝竺硯

CW&T

排輪零件等。靠著工作室裡現有的材料，我們只花了幾天就成功設計出原型。

整合理想與現實

我們一邊改良設計，一邊加入需要使用CNC銑床的客製零件，同時結合滑板車的各部分，讓滑板車更耐用，更容易在工廠生產，能簡單組裝。滑板車的其他部分，就是以買家能自行裁剪尺寸的管子、現成的長板小卡車，以及任何長板卡車車輪組合而成。

在這過程裡，我們曾有好幾次，滿心雀躍地希望能儘快賣出數以萬計的成品。我想這是所有自造者都有過的共同感受。但是這次，我們決定不要過於異想天開，把餅畫得太大；我們只需要找到一種可行的方法，在工廠生產50臺滑板車並且持續銷售就好。

由於我們設計的滑板車不使用客製的模組與工具，因此省去了這部分的高額成本；這使我們接著

1. 在滑板車的初期手繪草稿中，是用一般的鋁管與現成的滑板，以及直排輪的零件所組合而成的。
2. 曾經測試過在第一版的原型上加裝把手。
3. 後期的加工原型上，在滑板車靠近地面的部分有進行一些手工修改。

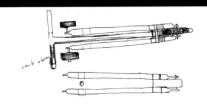

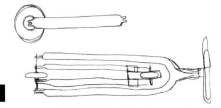

1

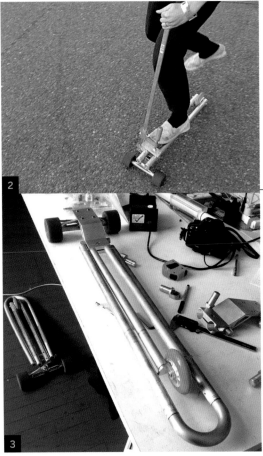

2

3

能順利與一家擁有CNC銑床的廠商合作，成功製成50臺成品。若非現今的小型製作工廠普遍擁有了CNC銑床設備，否則以數量如此少的產品來說，想找到願意合作的人，幾乎是不可能的。

在以前，一件產品想要走入工廠生產，需要的成本往往高得讓人怯步，因為多數零件都是手工製作、或需手動操作、或仰靠機械設定運作的機器。剛開始起步時，工程師的首要任務，就是設計並打造出精銳的機器、夾具與各式工具，好讓機器盡可能有效地運作，且在產品製作過程中維持品質。

起步的成本高昂

到了今天，工廠生產的初期依然是最耗費成本的階段。隨著CNC銑床在工廠中愈來愈精進且普及，打造產品並邁向生產就算比以往容易許多，過程卻仍然非常瑣碎複雜。

工廠裡的工程師負責的就是設定車軸的轉速、工具移動路徑、並調校多重軸線的程式。不過，這些只是眾多講求極致精確的變數之一而已。若你想讓機器發揮出最大功效，那每個設定的細節就變得無比重要。這完全不是我們所熟悉的、一板一眼的電腦程式設定。這是需要勞力、邋遢雜亂的工作，若出了什麼差錯，還會導致危險。

> 「到了今天，工廠生產的初期依然是最耗費成本的階段。」

即使是面對最精銳的機器，你依然得用上所有感官才能調校得好。你聽得出來，裝載於2009年的哈斯（Haas）自動數控機械上、每分鐘轉速4,000 rpm且配備三刃刀、能切割出30"長6061鋁合金的車軸，運轉起來是什麼聲音嗎？厲害的機師分辨得出來。要把這些事情做好，需要超乎想像的知識與經驗。這與以往的工廠工作類型完全不同，絕對不是按幾個按鈕那麼簡單。話雖如此，當所有機器正逐日逐步自動化、有更多功能，而且更容易設定。因此工廠生產的初期成本有望持續下降，製造商也能持續承接比較小的案子，像是為我們這種為數僅50臺的滑板車製造零件。

在一舉致力製造數以千計的產品前，先以50為單位數量製作產品，其實能蒐集到很多寶貴的資訊。當然少量生產聽起來沒那麼令人振奮，但是若在自己能掌控的設計規模上堅持愈久，對你愈有利。沒有人會比你更關心自己的產品了；而隨著產品數量愈多，有些細節你勢必要放手不管。

若你已經習慣每一件產品都要自己親身動手，那麼工廠生產的模式對你而言，可能是相當麻煩且不愉快的經驗——尤其是發現從工廠寄過來的零件幾乎都不能用時，很難不崩潰。沒人知道究竟是哪裡出了錯，或者為什麼有些細節被忽略了；當某個環節不如意——而這是工廠生產常有的狀況——你可能會因此覺得非常無力。

從小規模著手

上個產品我們的作法，是直接投入大規模工廠生產，製造究竟6,000枝的筆；這次的滑板車企劃，相對來說，則是減小規模至50臺；這樣比較合理、也比較好管理，讓我們能為下個可能的計劃設想。趁這種縮小規模生產的機會，我們採用了一些最新的工廠生產技術，並持續學習；我們能參與到過程中的每個環節。而50這樣少的數量單位，讓我們保有彈性，能選擇看是要有自己動手組裝滑板車、或靠其他工具的幫忙。最重要的一點是，減小規模時，我們可以找出一些未來若想大規模生產時勢必會出現的問題。

去思考滑板車的生產規模，只是我們從自造者轉型為工廠生產的過度階段中所需要重新思考的事情之一。不過，這裡頭還有很多可能性留待探索；很顯然在這領域裡，其中一個最適合的轉型科技就是3D列印，它可說是消除了產品製造的入門門檻。若3D列印的金屬在結構上能夠像CNC銑床製品一樣互相整合且價格低廉，那麼我們一開始便會採用那種方式製作滑板車。我們可以先製造一兩臺、或五臺滑板車，而不是以50為單位。試想看看，那樣的作法又能配合怎樣的生產規模呢？我們還無法製造那樣的金屬物件，但我們離那個目標不遠了。

另一個走入工廠生產的方式，就是打造自己的迷

> 「若3D列印的金屬在結構上能夠像CNC銑床製品一樣互相整合且價格低廉，那麼我們一開始便會採用那種方式製作滑板車。」

你工廠。這想法聽起來可能很瘋狂，但並非遙不可及。這種具啟發的概念，許多是來自一堂叫做「低技術工廠：少量生產實驗」（The Low-Tech Factory: Experiments in Small Batch Manufacturing）的課程，該課程是由任職於瑞士洛桑藝術與設計學院（ECAL University of Art）的克里斯·凱柏（Chris Kabel）與湯瑪士·克拉爾（Tomás Král）所教授。學生有各種奇特的企劃，像是能編織帽子的搖椅、能製作沖壓燈具的多工能工作檯，以及能把單顆玉米核爆成爆米花，並灑上鹽巴的精巧發明。這些製作企劃架構出一個新框架，緊密結合了生產過程、產品本身以及自造者這三方。工廠變成既有趣又獨特的工作空間，引人入勝、效率極高，還能走得長遠。

有這麼多新產品等著問世，使我們對如何規劃產品規模始終感到非常好奇、渴望，而且也不斷在實驗新招式。現在我們不一定要固守舊有的大規模生產法了，也不必非得赤手空拳製造所有產品才可。

我們的滑板車企劃，只是自造者製作文化不斷演進的例子之一。腳步緩慢卻篤定的我們，一定能將大規模生產轉型為更緊密、周到、且能走得長遠的生產模式。現在這些已經成為自造者們發揮創意的範疇了，就看各位能否發揮本領，一次又一用你的計劃，為工廠生產寫下新的定義。◢

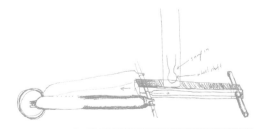

泰勒·雷斐（Taylor Levy）（taylorlevy.com）是「CW&T」（cwandt.com）工作室的唯二創立人之一；這間藝術與設計工作室設立於紐約布魯克林區。受技術啟發，泰勒的作品經常著重在簡化複雜難解的系統，拆解並揭示內部設計，然後將之重新組合不言自明的極簡結構。

LightUp:
FROM MAKER TO PRO

文：安德魯・特拉諾瓦
譯：謝孟璇

Gunther Kirsch

「點子亮」：從自造者到專家

看看兩位加州小子如何將他們聰明的點子付諸實現。

「**點子亮**」（LightUp）的創辦人張喬許（Josh Chan）與塔倫・彭地切里（Tarun Pondicherry）兩位正站在轉振路上。他們是「點子亮」裡至今唯二位員工，而且是全職的。他們還沒有辦公室，所以不是在家打卡上班、就是在咖啡廳。「點子亮」還有一個網站可以讓人們在網路上預購；這些加起來大概就是這間公司的所有辦公設備。至少現況還是如此。

他們的產品，是運用磁鐵相吸的電子工程裝備模組套件，讓使用者、甚至是小孩子都能輕鬆組裝。產品上還附加了智慧型手機應用程式，因此使用者能看見電流是怎麼流經他們手中的電路版，並有可互動的家教提供協助。

應該在幾週內，這個產品就要出貨了。

故事緣起

彭地切里自從高中開始教導學生認識基礎電路學與機器人科學起，就對如何增進人與電子產品之間的互動感到相當有興趣。

他回憶著，「我發現困難的不是概念；困難的是人們最後必須使用的平臺——也就是電路板。」

彭地切里與張喬許在史丹佛一堂課程中認識對方，那堂課叫做「超越位元與原子」（Beyond Bits and Atoms），課程主題是要設計教育性玩具與介面。該課的學期末報告，要求學生設計出一種「建構論者」（constructionist）的學習環境。課程的大綱上建議學生要「把它們想成打了類固醇的樂高。」

張喬許首先修課，然後彭地切里次年也修了。接著因為他們倆的期末報告採用相似作法，所以教授從中介紹他們認識。

「我們兩個都希望能更上層樓。」彭地切里回想起當時。

張喬許的期末報告中，這個產品系統就叫做「點子亮」，這個名字自彼時一直沿用至今。而彭地切里與「點子亮」的相同處，就是在一開始的產品原型中也使用了磁性電路結構元素。

> 「訂單讓一切感覺更加真實了，
> 好像是說，
> 這一切都要成真了」

「不知為何，磁鐵就是特別神奇又令人開心。」張喬許說。

「磁鐵很乾脆，不存在『幾乎、差一點』的特性，」彭地切里補充道，「磁鐵之間只能成功相吸，或沒有吸力兩種結果。我覺得這能鼓勵人們，與其花太多時間思考，不如動手嘗試。」

他們倆都在其他電路架構的玩具上，擁有不同程度的實作與研究經驗。

「事實上，我以前根本不認識百靈的Lectron（請

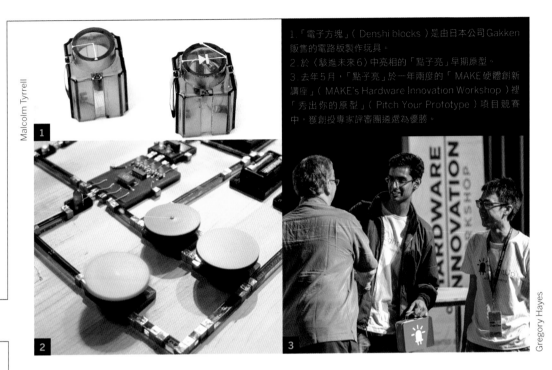

Malcolm Tyrrell

1.「電子方塊」（Denshi blocks）是由日本公司Gakken
販售的電路板製作玩具。

2.於〈駭進未來6〉中亮相的「點子亮」早期原型。

3.去年5月，「點子亮」於一年兩度的「MAKE硬體創新
講座」（MAKE's Hardware Innovation Workshop）裡
「秀出你的原型」（Pitch Your Prototype）項目競賽
中，獲創投專家評審團遴選為優勝。

Gregory Hayes

參考〈超越兆赫的人們〉p12）或其他像是『電子方塊』（Denshi blocks）等系統，」張喬許解釋，「我後來才開始思考它們是怎麼來的。我比較熟悉的是小時候玩的RadioShack自製收音機工具組，以及150合1套件。能夠回頭去觀察其他電子系統如何解決設計限制的問題、怎麼協調，真的非常有趣。」

「我已經在學校裡研究過許多系統，包含硬體與軟體，」彭地切里補充，「我們覺得現有系統中可以再添加的，是不拘形式的基本元素。於是我們帶入了這款應用程式。」

學習製造

為了學習製造的知識，「點子亮」向HAXLR8R提出申請；HAXLR8R是一間硬體技術加速器公司，正與舊金山與中國深圳的創業者合作密集企劃。其中這個企劃允許「點子亮」與其他深圳HAXLR8R創業人士共用辦公室空間。

在那兒，「點子亮」與中國承包製造商合作，設計了產品外型，一開始以雷射切割、鋁箔貼成的原型方塊，逐漸演變為搭配沖壓金屬導體的注射製模塑膠元件。

「我們處於第3次設計修改階段，正要往第4次前進。」張喬許說。

「若把其他小幅修改算進來，我敢說這是第15到20次。」彭地切里補充。

就要成真

就像許多群眾集資的成功故事一樣，「點子亮」在他們的Kickstarter募資開始前，就已經累積了大量支持者。時間能回推到去年的5月，當時的他們在「MAKE硬體創新講座」（MAKE's Hardware Innovation Workshop）的「秀出你的原型」（Pitch Your Prototype）項目中獲得大獎。而當Kickstarter募資結束時，他們募得總金額超過美金12萬元——這是他們原本5萬元目標的2.4倍。

「那些訂單讓這一切感覺更加真實了，」彭地切里解釋，「好像是說，這一切真的要成真了。」

資金到位後，張喬許和彭地切里現正聚精會神地實現承諾。來自Kickstarter支持者的訂單將在12月開始出貨。

他們還希望最後能在系統中加入邏輯閘電路、觸發器、感測器和微控制器模組，並且開發能引導使用者建置電路板的應用程式。

「但是」，彭地切里說，「經營企業牽涉到的不只是技術而已。」

張喬許也同意，「我們幾乎花了所有時間東奔西跑，籌備所有大小事。」◪

安德魯·特拉諾瓦（Andrew Terranova）是一位電子工程師、作家以及機器人愛好者。

Make: **45**

Illustration by Book Williams Jr.
在makezine.com/go/bookwilliamsjr
網頁可以看到他的作品喔！

PICK YOUR BRAIN

五花八門的
微控制器任君挑選

　　體積雖小功能卻強的微控制器是自造者專題的「大腦」，使得專題得以「活」起來，這些可攜式微控制器幾乎可以用來做任何事情，無論是精準的動作定位或者進階資料追蹤與分析都不成問題。

　　在Arduino最近普及之後，在專題中編寫程式變得快速、便宜而且簡單許多，自造者們甚至開始自己設計原創的開發板，希望納入作業系統、GPS（全球定位系統）、無線通訊等複雜的功能，現在開發這些微控制器的人幾乎要和專題應用者一樣多了。這一個專題的目的是希望幫助你在眾多微控制器與Linux單板電腦的選擇中理清頭緒，以找到最適合你專題應用的板子，好了，就讓我們一起探索吧！

WHICH BOARD IS RIGHT FOR ME?

我到底適合哪一種開發板？

文：艾拉斯岱爾·艾倫　譯：劉允中

從微控制器到單板電腦的選擇指南

　　在**Raspberry Pi**上市幾個月之後，微控制器開發板的選擇變得非常單純，如果想要和任意的電子零件溝通，最好是買一塊**Arduino**的微控制器開發板；另一方面，如果需要ARM系列為處理器來跑Linux作業系統，那麼**Raspberry Pi**這一款單板電腦（SBC，**single-board computer**）自然是不二選擇（當然，那也要買得到才行，之前發生的交貨問題現在已經大致解決，但是去年有人等了超過半年才拿到Raspberry Pi）。

　　在Arduino系列產品和Raspberry Pi問世之前，自己製作東西要用的很複雜。但現在，事情不只複雜，幾乎是有些瘋狂！新的產品如雨後春筍般出現，而且，在接下來的一兩年內，這個趨勢似乎不會停歇。當然，新的產品是多多益善，但可以預期的是，在幾年之內大部分的產品都將被淘汰。

　　如果你年紀夠大，應該還記得個人電腦產業發展初期的那一段日子，許多產品遍地開花，每個都來自不同製造商，每個的CPU規格也都不相同，那麼現在微控制器的發展態勢應該會讓你覺得似曾相識。只是不知道未來是否會和桌上型電腦一樣，有單一產品獨占的局面產生，或者，我們會看到更有趣的市場生態也不一定。

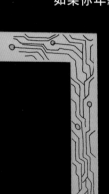

Intel 8008

Konstantin Lanzet

Arduino之前的生活

微控制器開始商業化大約是從1971年開始，那是4位元Intel 4004問世的年代，這一款晶片是歷史上第二個單晶片CPU，同時也是第一款成功商業化的產品，它的下一代產品8位元8008晶片將成為第一代個人電腦的基礎。

同期的其他處理器也為後世的產品帶來影響，像是美國TRS-80電腦中的Z80處理器、英國的Sinclair ZX Spectrum以及蘋果電腦的6502等等，至少，這些晶片的後代以某種形式存在於現在的「嵌入式系統」當中。

隨後，1975年微晶片科技（Microchip Technology）公司的PIC微控制器成為業餘愛好市場的主力，原因包括價格便宜、容易取得，而且有許多程式編寫工具輔助，PIC是一款完整的微控制器元件，包含處理器、記憶體與可編寫程式的I/O。

時至今日，還可以用2美元的價格買到PIC，這種晶片仍是主力。但是，如果對低階的C語言不太熟悉的話，直接使用PIC微控制器可能會有一點吃力。因此，後起的Picaxe晶片就浮出檯面，這款晶片結合了標準PIC晶片的特性，卻可以使用BASIC或其他圖像式的程式語言來編寫，這種PIC的應用方式很受歡迎，特別是在教育場合中。

雖然你可以單買Picaxe晶片，但是，如果你是這個領域中的新鮮人，那麼購買專門設計給入門者的Picaxe套件包或許是個更好的選擇。通常，這個套件包中的開發板適合用於教學或者原型概念設計，無法獨立應用於實際的專題當中。

另外，如果想要使用價格較低的PIC微控制器，Parallax公司的BASIC Stamp電路板也是不錯的選擇，這種線路板採用另外一種版本的BASIC程式語言。和Picaxe開發板不同的是，BASIC Stamp都是獨立發售、單一模組，和現在的Arduino類似，可以直接應用於專題當中。BASIC Stamp還加上了擴充的可能性，就像現在Arduino可以外接擴充板一樣，只不過在BASIC Stamp的設計當中，擴充板是安裝在它下方而不是上方罷了，這些擴充板的外型與Picaxe的新手套件包有些類似。

Make的插圖式開發板大全

文：麥特·理查森　譯：劉允中

現在各式開發板琳瑯滿目，規格、尺寸、功能都不盡相同。如果選擇開發板時只比較某項規格，並沒有辦法了解全貌。因此，在這篇文章當中，我們會介紹幾個開發板的主要零件，可以作為開發板比較選擇的參考依據。

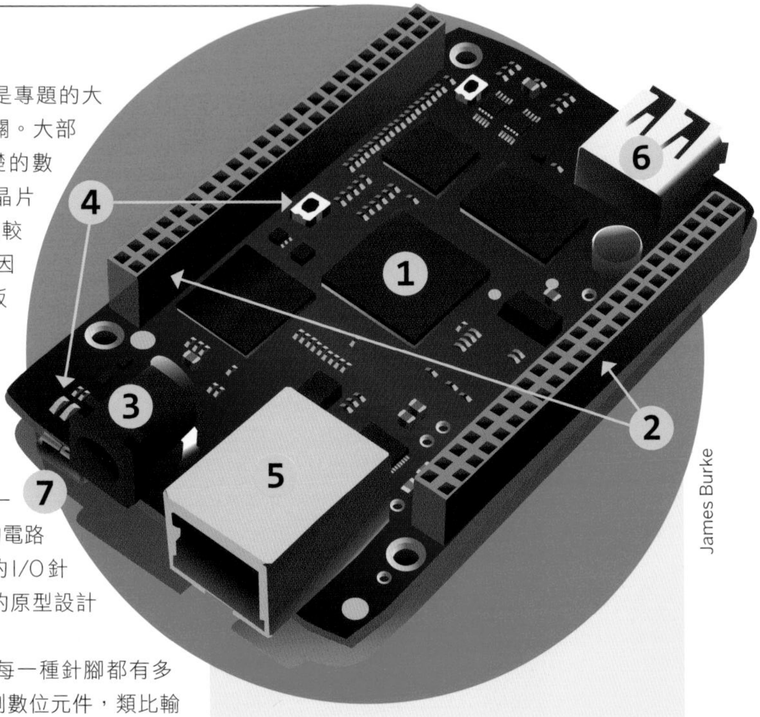

1.處理器

處理器是開發板的核心，也就是專題的大腦，大多數的功能都和處理器有關。大部分的處理器都可以分為控制基礎的數位電子零件的微控制器和系統單晶片（SoC）兩類。系統單晶片功能較強，和電腦中的晶片較為類似，因此，裝有SoC的開發板也稱為單板電腦（SBC）。

2.輸入／輸出（I/O）針腳

這些插槽可以用來連接LED、按鈕、感測器、繼電器、馬達和其他各種零件。通常，這會需要一個獨立的麵包板（一塊充滿插槽的電路板）以及一些跳線來連接開發板的I/O針腳與其他電子零件，輔助你專題的原型設計開發。

常見的針腳類型有以下幾種，每一種針腳都有多重用途。數位針腳可以讀取並控制數位元件，類比輸入針腳則用來讀取一定電壓範圍內的訊號，可以連接溫度感測器或有連續刻度的零件使用，脈衝寬度調變（PWM，Pulse-width modulation）針腳的功能則是將類比訊號以數位輸出。另外，有些針腳可以套用序列通訊、SPI、I2C、CAN bus等通訊協定來與其他裝置通訊。

3.電源輸入

關於電源供應的部分，多數開發板都只能接受5V電壓，有些板子則可以接受一個範圍之內的電壓，通常連接形式會是直流電筒型接頭（如圖所示）或者以USB連接。

4.LED與按鈕

LED的主要用途在於表示目前的狀態，按鈕則可以作為一種輸入裝置，內建這兩樣零件的開發板就不需要額外接線安裝類似的裝置。LED也可以表示各種不同的狀態，比如顯示電路板目前有插電、正在傳送或接收資料或者正在讀取快閃記憶等。

James Burke

擴充板

如果插上某些擴充板，就可以為原本的開發板增加某些功能，像是藍牙功能、手機功能、衛星導航、聲響、影像、動作控制等。如果是Arduino系列的開發板，擴充電路板又稱為shield，如果是BeagleBone系列產品，則稱為cape。

然而，隨著微處理器與系統單晶片功能日漸提升，許多原本的擴充功能都直接納入開發板了。

整合開發環境（IDE）

在IDE當中，你可以編寫、編譯程式碼，或者對寫好的程式碼進行除錯（debug）。許多平臺的IDE在電腦上執行，但是可以透過USB來將寫好的程式傳到開發板上。另外，有些板子的IDE則是與網路連接，這樣一來，只要打開網路瀏覽器，就可以直接與板子通訊並編寫程式。

開發板的程式語言和平臺有關，常見的幾種是C、C++、Python、BASIC和JavaScript這幾種。SoC平臺有更多彈性，常常可以使用多種程式語言來編寫。

函式庫

函式庫裡面有許多預先寫好的程式碼，可以自由下載，使得複雜的專題變得比較簡單。通常這些預先寫好的程式是針對某一種板子寫的。

5. 網路元件

內建乙太網路接埠的開發板，像是大部分的SoC線路板以及某些微控制器都可以讓你透過路由器連接網路，有些板子甚至內建無線網路晶片，可以直接連接無線網路。

6.USB插槽

可以用來連接鍵盤、滑鼠、攝影機、無線網路連接器等周邊設備，許多開發板上面都有這個零件，尤其在系統單晶片處理器類產品上更加常見。

7. 程式編寫用連接埠

有些開發板可以透過USB連接電腦，這樣一來，你就可以改寫晶片中的程式。

Arduino的發展

我們常常可以看到某項科技成為世界進步的途徑，而Arduino就是其中之一。

一開始，Arduino開發理念是希望讓藝術家們可以將微控制器應用於互動式藝術專題當中，但是，我相信某一天Arduino也會進入博物館，成為歷史上成就未來世界的一塊基石。Arduino的好處在於價格便宜、處理速度快，可以用來作嵌入式系統的原型開發，將以往有些難纏的硬體問題變成相對容易處理的軟體問題，因此，Arduino也成為自造者運動中的明星。

Arduino的核心是8位元的Atmel公司AVR系列微控制器，包含數位、類比和其他種類的針腳，這後來成為市場產品的基本架構。Arduino是一個可靠的開發平臺，無論經驗老到的硬體改造者或初學者都可以使用。

然而，Arduino真正的優勢不在硬體，而是軟體，當中的主角正是它的整合開發環境，Arduino成功地將複雜難懂的細節包裝成容易使用的界面，在許多同類型的開發板業者中脫穎而出，也因此激發了許多模仿與延伸的產品，並孕育了廣大的使用者社群。

現在，Arduino在微控制器的市場中占有很重要的位置，如果我們在二三十年之後回顧歷史，Arduino大概就像是當年的Commodore 64、the Apple II或者（對於真的上了年紀的人來說）PDP-11。對這一代的自造者來說，Arduino常常是他們用的第一塊開發板，因此，我們可以說Arduino啟發了一個世代。

Tessel

Gunther Kirsch

隨著時代演進，微控制器電路板變得愈來愈容易取得，這很大一部分都要歸功於Arduino和它的模仿者，許多公司模仿Arduino的軟體開發模型，其中，Tessel就是其中有趣的例子。

雖然使用的方式不同，但，Tessel的確是Arduino產品概念的延伸，主要的原則就是以軟體而非硬體開發者的方式來為開發板編寫程式。Tessel的作業系統是JavaScript直譯器，使用Lua語言的運行時，並且支援node.js應用程式介面，等於是在一塊金屬上面直接可以使用的事件迴圈。Tessel的優勢在於利用node.js平臺的廣大使用者社群，而且內建Wi-Fi無線網路功能。

雖然和現在的JavaScript引擎相比，Tessel使用的額外Lua運行時不大，是以千位元組（KB）而不是百萬位元組（MB）計算，但這也表示它可以用3塊美元，就買得到的ARM Cortex-M3處理器上運作，Tessel的規格本來就與 Raspberry Pi 和其他「重裝」Linux單板電腦不同，是將功能單純化，而不是複雜化。

另外，Tessel裝有一塊Arduino擴充板插槽，可以安裝Arduino系列的擴充板，並且可以使用Arduino函式庫並直接執行程式。這款電路板不僅基礎功能完備，還是物聯網（Internet of Things）的一部分。

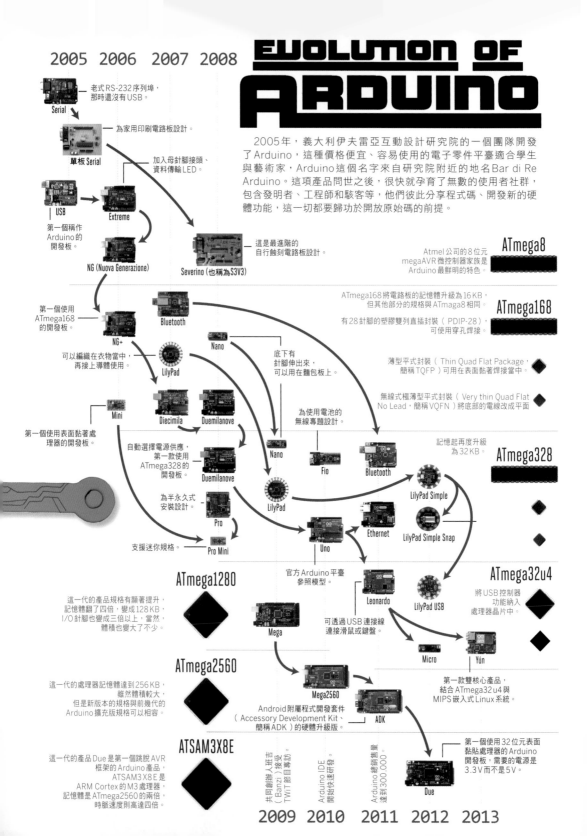

到目前為止，這系列產品的最新版本是Arduino Leonardo，與前幾代產品不同的是，為了讓既有的序列通訊的功能可以透過IDE將程式碼傳到開發板之外，它也可以作為USB滑鼠或鍵盤使用。

其他開發板

Arduino啟發了許多同業，創造了產品創新與整合的風潮，在微控制器的市場上大放異彩。

LaunchPad MSP430

德州儀器公司（Texas Instruments）的 MSP430 晶片和Atmel公司的ATmega微控制器晶片非常類似。價格低廉，而且花了一些功夫增加電源的使用效能，而且，ATmega系列的雙列直插封裝晶片經常缺貨，這時，因為LaunchPad系列也有穿孔雙列直插封裝的規格，如果穿孔黏著對你來說很重要的話，MSP430會是個值得考慮的選擇，而最容易上手的辦法就是挑一塊TI LaunchPad開發板！

LaunchPad和Arduino最大的差別在於價錢，一塊全新的Arduino Uno要價30美元，Arduino Leonardo也要25美元，但如果跟德州儀器公司或它的主要供應商購買的話，LaunchPad MSP430只要10美元就可以到手（還附一條USB連接線），

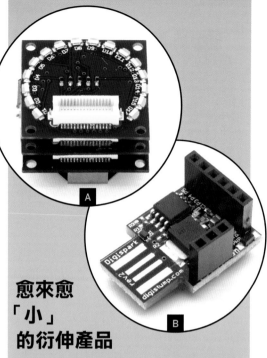

A

B

愈來愈「小」的衍伸產品

在前面的文章中討論過，Arduino的成功引領風騷，激發了其他模仿者進入市場。其中，群眾募資網站Kickstarter上面就有許多這樣的例子，有些成果斐然，有些則不幸失敗，要將所有的產品都一一列舉是不可能的，但是我們的確看到有些產品因為他們的「大小」脫穎而出或失敗。

TinyDuino就是當中的一個例子，這是一款與Arduino相容的微控制器，處理器與Arduino Uno相同，但是大小就跟美元二十五分錢硬幣一樣（圖A）。主要的處理器電路板包含微控制器本身與週邊線路，而USB插槽和直流電壓調節器則被移到擴充板上去了。因此，如果專題不需要用到這些元件，就不需要安裝擴充板，然而，雖然它的體積很「小」（或許這正是關鍵因素），卻價格不斐，一塊TinyDuino要價20美元，還要再加上USB/ICP程式編寫擴充板的18美元，所以，體積壓縮不是沒有代價的。

DigiSpark則是另一款小巧、與Arduino相容的開發板（圖B），它的核心是ATtiny85微控制器，效能比TinyDuino遜色許多，也只有6個I/O針腳，但是，價錢就只要9美元而已。DigiSpark和TinyDuino相同的是，也有許多有趣的擴充板，可以擴充不同的功能。

Arduino Uno 開發板。

TI LaunchPad 開發板。

Picaxe-28X2 擴充板基座

就算是新出品的USB LaunchPad MSP430內建了USB插槽也只多2美元而已，我個人就有看過LaunchPad的板子只要不到5美元就可以買到手。

雖然LaunchPad使用的MSP430 G2553晶片只有14個I/O針腳，程式用的記憶體只有16K，Arduino Uno的ATmega328晶片規格則是32K記憶體與20個I/O針腳，但如果你的專題不需要太高的規格就可以執行，那麼LaunchPad會是一個很好的選擇。

之前，MSP430的程式編寫環境有些難用，對於這一代已經習慣Arduino IDE平易近人的介面的自造者來說，MSP430的古老Eclipse開發平臺看起來太過複雜，讓人怯步。但是，新的開放原始碼Energia原型開發平臺徹底改變了這一切，不僅支援Windows、OS X和Linux，更重要的是Energia將Wiring和Arduino的架構以良好的設計感帶入MSP430。而且，Energia讓你可以將Arduino的程式碼（草稿碼）直接帶到MSP430上來使用。

當然，Arduino的強項之一正是它的函式庫與使用者社群，但現在其他廠牌也不惶多讓，除非你需要用到一些少見的功能，否則Energia問世之後，TI LaunchPad的功能幾乎可以與Arduino並駕齊驅了！

Picaxe的反擊

在現在的市場上，Arduino平臺一支獨秀，許多系統在軟體上沒有辦法望其項背，就在硬體上下功夫。

像Picaxe-28X2擴充板基座仿造了Arduino的硬體設計，使得市場中上百種Arduino擴充板都可與之搭配使用。

Wiring系列電路板

Arduino在伸展臺上大放異彩，使得Wiring開發板以及相應的程式開發環境相形失色，但是，Wiring的設計還是有許多亮點值得我們關注。

Wiring開發板的基礎與Arduino相同，是一種Processing語言開發環境，只是到後來發展的有些不同，但是對於Arduino IDE很熟悉的人，Wiring使用起來應該也不陌生，除非在使用的時候漫不經心，否則應該都不會有大問題才對。

Wiring開發板的程式編寫環境不只支援他們自己的板子，只要使用Atmel公司的AVR系列處理器都可以支援，這就表示Arduino也符合這個條件。在筆者撰寫這篇文章的時候，Wiring開發板提供了以下訊息：AVR XMEGA、tinyAVR、TI MSP430、Microchip PIC24/32系列和STM M3 ARM核心都「即將開放」。如果這個諾言成真，那麼事情將變得非常有趣，它會使得Arduino相關產品的程式碼可以在許多不同的微控制器結構上使用。

這系列最新的產品是Wiring S，與之前的Arduino Diecimila有些類似，但是處理器較大。和Picaxe的擴充板基座類似，只要裝上Wiring S的Play擴充板，就可以連接Arduino規格的所有擴充板，也就是說，你可以把以前買的擴充板拿出來交互使用。

Netduino系列電路板

Netduino系列電路板也追隨Arduino的硬體規格，在Netduino上可以使用任何Arduino的擴充板，但是相似之處不僅止於此。

市面上有好幾種Netduino開發板。與其他板子不同，我們介紹的電路板核心都是大約8位元或16位元的微控制器，但是Netduino是以ARM Cortex為基礎的電路板，核心的微控制器是32位元的

Wiring S

Netduino Plus

STMicro STM32Fx 微控制器。

　　Netduino的作業系統是.NET Micro 架構，這些電路板可以直接透過 Microsoft Visual C# Express 2010使用 C# 語言來編寫程式，不僅功能強大，也很有彈性。而且，非 Windows 平臺也並非無法使用，OS X和Linux 作業系統也有部分功能支援。

Parallax 公司的 Propeller 系列電路板

　　這一系列的產品非常有趣，與市面上的微控制器晶片不大相同，這主要來自於核心控制器，大部分的電路板都只有一個核心處理器，但是 Propeller 有8個。

　　換言之，有8個程序可以同時運作，監控並回應感測器或其他輸入裝置的訊息，可以把它想成8個同時運作的 Arduino loop() 函數。

　　如果運用得當，平行式處理的效能可能強大到令人驚艷，而且，Propeller 系列電路板價格大約是50美元，和其他我們談過的電路板相比不算是太貴。

　　Propeller 有許多不同的規格，包含雙列直插封裝（DIP）和使用表面黏著技術（SMT）的晶片，可以用來作原型開發，和許多其他廠商一樣，

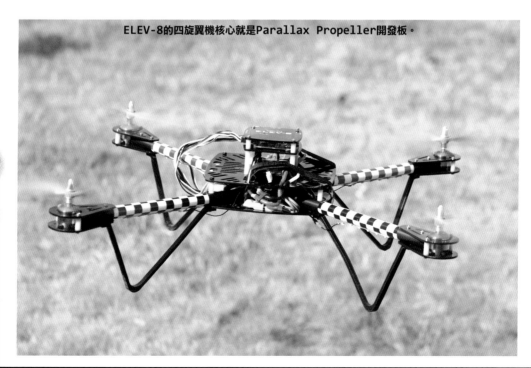

ELEV-8的四旋翼機核心就是Parallax Propeller開發板。

Arduino Yún

BLEduino

Parallax公司的Propeller ASC+電路板也套用了Arduino的硬體規格。

無線通訊

近年來，微控制器的世界產生了重大的變革，無線通訊開始無所不在，許多Arduino（或與Arduino相容）的開發板開始大張旗鼓的宣稱擁有全球行動通訊系統（GSM）、Wi-Fi、低功耗藍牙裝置或其他的無線通訊能力。

Wi-Fi

在2013年5月舊金山灣區舉辦的Maker Faire當中，Arduino共同創辦人瑪西摩・班吉（Massimo Banzi）親自宣布Arduino Yún這項新產品，不僅是Arduino系列第一個使用嵌入式Linux軟體的開發板，而且還整合了Wi-Fi功能。

基本上，Arduino Yún和Arduino Leonardo沒什麼兩樣，包含ATmega32U4微控制器，加上獨立的嵌入式AR9331處理器，使用MIPS架構的Linux、與OpenWRT版本相關的Linux作業系統，你可以透過Wi-Fi或者USB連接線來撰寫程式。另外，他們也和Temboo合作，透過一站式應用程式介面，可以使用在推特（Twitter）、Facebook、Foursquare定位社群網站、FedEx聯邦快遞網站、PayPal付費網站等。

這款開發板的價錢是69美元，包含嵌入式Linux作業系統、Arduino的各種功能加上新的Wi-Fi無線通訊，這個價格應該算是相當合理。

低功耗藍牙

低功耗藍牙（BLE）出現之後，嵌入式系統的無線通訊方式與以往顯著不同，在修改了舊版藍牙大部分（至少很多）的問題之後，新的BLE通訊協定比「經典」藍牙好用許多。許多智慧型手機（像是iPhone）已經套用BLE好一陣子了，但是這項技術在自造者界的使用時間比較短。大約在6個月之前，像「紅熊實驗室（RedBearLab）」開始出現BLE擴充板與迷你BLE板，現在，市面上已經有各種不同可支援Arduino的擴充板可以提供BLE的通訊方式了。

在最近的Kickstarter群眾募資專題中，有好幾個跟這項技術有關，其中，最常被討論的是BLEduino和RFduino這兩項專題。

有趣的是，這兩項設計都是小規格的板子，這也和他們構思的用途有關。

網狀網路

如果需要使一大塊區域都覆蓋有無線網路，那麼網狀網路（mesh network）會是一個絕佳的選擇。每一塊板子都會和周邊的板子通訊，將資料封包以點對點的方式傳到網路邊緣，然後透過路由器或閘道器傳到其他地方。

另外，在Kickstarter募資網站還有另一個大明星，就是Pinoccio，這是一款與Arduino相容的開發板，內建802.15.4網狀網路架構以及鋰電池，透過擴充板還可以增加Wi-Fi功能（詳見p66〈Pinoccio傳奇〉），如果要做分散式感測器網路的話，選用這款電路板可以達到事半功倍的效果。

Geogram One

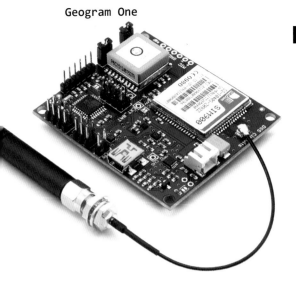

Raspberry Pi的問世

其實在Raspberry Pi上市之前就已經有許多單電路板的微型Linux電腦，我大約10年前使用的Gumstix開發板就是一例。就在這一陣子，Raspberry Pi就像之前的Arduino一樣席捲了整個市場，這次大家是為了微型Linux電腦而瘋狂。同時，也像Arduino一樣，Raspberry Pi也引領了競爭者的仿效風潮。

然而，和Arduino不同的是，Raspberry Pi從來就不是為自造者量身打造的平臺。但是35美元的平實價格創造了很大的市場需求，在上市的好幾個月之後，Raspberry Pi的供貨才逐漸趕上需求。

其實，Raspberry Pi的設計理念是希望打造一個價格低廉的平臺，讓孩子們可以學習程式語言的概念，主要應用在教育方面。儘管如此（而不是因此），成千上萬饒富創意的專題隨之而生，就像Arduino一樣，這之間的關鍵因素在於Raspberry Pi也培養出百花齊放的使用者社群了。

GSM

Geogram One是一款與Arduino相容的開發板，可以套用在定位追蹤的應用程式上，這一款開發板有GSM數據機以及內建GPS接收器。除此之外，它的基本構造與Arduino相似，但多了更多的靈活度。

想要了解更多嗎？
在 **makezine.com/go/rpi**
網頁可以找到更多
Raspberry Pi相關專題喔！

Raspberry Pi

新BeagleBone Black　　　　　　pcDuino　　　　　　Gizmo

Gunther Kirsch

BeagleBone系列

雖然價格不斐（一塊高達89美元），德州儀器公司出產的BeagleBone專門為 任意位元的硬體裝置所設計——包含感測器、致動器或者其他的電子零件，而且，這款開發板是設計給自造者們使用的，而不像Raspberry Pi是設計成教育用途的平臺。

可惜的是，BeagleBone的價錢與Raspberry Pi實在相差太多，因此Raspberry Pi廣受大眾歡迎，而BeagleBone還稱不上是Raspberry Pi的競爭對手。雖然如此，BeagleBone還是孕育了一群小眾的相關產品，比如Ninja Block系統就可以搭配BeagleBone使用。

然而，在BeagleBone Black上市之後，一切都改變了，除了顏色之外，新一代的開發板看起來沒有太大差異，它延續BeagleBone的大小及配線。但是，BeagleBone Black有其他很棒的特色，像是把作業系統從SD卡搬到內建的記憶卡上，使得micro SD卡可以拿去做不同用途。

最關鍵的是，新產品的價格從89美元掉到45美元，在這個價格水平之下，Beagle Bone確實成為Raspberry Pi（零售價35美元）的對手，因為BeagleBone Black的規格較高、使用彈性較大，使用者經驗整體較佳。

pcDuino

pcDuino是另外一個可以執行Linux的嵌入式主機板。有趣的是，雖然pcDuino與Arduino的針腳相容，但是規格不完全相同，因為它是使用Cortex-A8處理器，所以Arduino相應的擴充板都因此無法使用。

如同Arduino一樣，你可以直接在這塊開發板上編寫程式，並直接在開發板上執行。另外，SparkFun公司甚至開始開發轉換器，讓pcDuino的電路板與針腳規格可以和Arduino相容！它的價錢是60美元，相當誘人，而且看起來要組裝並不困難。

x86的反擊？

傳統上，可執行Linux的單板電腦都會使用ARM處理器，直到最近， x86系列的電路板才開始嶄露頭角，其中最好的例子可能是AMD的Gizmo開發板。

基本上，Gizmo像是單一電路板的筆記型電腦，對我們這些習慣於微控制器的玩家來說，Gizmo的處理速度令人驚異、彈性也大、效能也很不錯。但是一分錢一分貨，Gizmo開發板一塊要價200美元，不能算是非常便宜。

混合板

現今有許多板子似乎想要集眾家所長來滿足所有的使用者，整合了與Raspberry Pi類似的SBC與Arduino那一類的微控制器，除了Arduino Yún（參考〈Wi-Fi〉段落，p56）之外，像Udoo也是很好的例子，這個專題在Kickstarter募資網站上大放異彩，和Raspberry Pi一樣，它也是以ARM為基礎、可以執行Linux的開發板，使用雙核心或四核心ARM Cortex-A9中央處理器，還有一顆ARM的SAM3X處理器，仿效Arduino Due規格，當然，它的價錢與高效能相匹配，每塊板子要價130美元。

Udoo

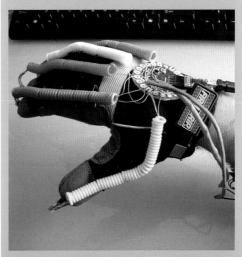

未來發展

最近這幾年產生了一個現象，就是許多寫程式的人第一個「認真」的專題就是寫一個推特的客戶端程式；而在推特問世之前，許多人的第一個專題則是文字編輯器，為什麼呢？每個人都會用到文字編輯器，後來則是推特。因此，每個人對於這些程式的運作方式都有自己的意見。在現存的程式當中，按鈕的位置或許不恰當、工作流程有些問題等等，所以許多人乾脆自己寫一個，才能滿足自己的需求。

我認為，這和現在Kickstarter募資網站上琳瑯滿目的Arduino相關開發板是一樣的道理，每個人都在用Arduino，但是大家的目的都有點不同，所以他們第一個「認真」的硬體專題就變成製作自己的Arduino版本，從而充分滿足自己的使用需求。

我認為，大多數的改造開發板幾年之內都會消失，和那些新版的推特客戶端消失的原因相同：因為保留的成本遠高於可能產生的營收。

但是，在這個改造的過程中，許多用心的玩家在這個開放原始碼的世界裡，雖然從文字編輯器或者推特客戶端開始，但是旅程不會停止，就像硬體改造從Arduino開始，接下來必定還會作出許多有趣豐富的專題。

在電路板的世界裡，概念形成與製作出產品原型之間的距離愈來愈短，現在要預測接下來會出現的產品愈來愈難。但是我認為，無線通訊電路板的開發，應該讓我們對未來有些想像。

現在，日常生活的用品變得愈來愈有「智慧」了，或許10年之內，你穿的每一件衣服、戴的每一樣飾品，都可能搭配測量、計算等功能。到了那個時候，

可穿戴配件

從2007年左右，LilyPad Arduino幾乎變成穿戴式微控制器的代名詞，這種可編織的電子零件模組是由麻省理工學院媒體藝術與科學副教授莉亞‧畢克立（Leah Buechley）設計而成的。

到了2012年，Adafruit公司打造了第一個能

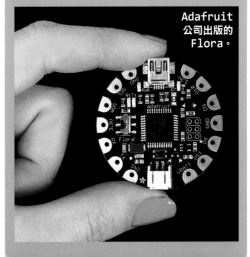

傑賽克‧斯波拉（Jacek Spiewla）的節奏手套（BeatGlove）是一款可穿戴的樂器系統，核心就是LilyPad Arduino喔！

與LilyPad匹敵的對手，也就是Flora。雖然和LilyPad相比，Flora比較容易上手，但是基本上兩種平臺的規格幾乎相同。Adafruit公司最近宣布要推出下一款體積更小的可穿戴微控制器，看起來會讓近來平靜無波的市場掀起新的一陣漣漪。

Adafruit
公司出版的
Flora。

Jacek Spiewla

Becky Stern

我們的世界將會充滿感測器,而感測器之間當然需要彼此溝通對話。

呃,所以,
我到底應該買哪種開發板呢?

因為廣大的使用者社群有助學習與探索,如果你需要8位元微控制器,我推薦使用Arduino,如果想要一個微型電腦,使用Linux作業系統,那我推薦使用Raspberry Pi。

如果傾向使用Raspberry Pi,但是又擔心會不適合你的專題,那麼選擇就變得比較複雜。的確,Raspberry Pi即將成為無法停止的潮流,和Arduino一樣,有著無法撼動的地位。而Raspberry Pi目前最大的對手,就是價格相當的BeagleBone Black,但是因為BeagleBone Black比較新,使用者社群也相對較小,所以,遇到問題的時候可能要自己試著解決。

而如果你傾向選擇Arduino,而且專題目的明確(像是無線通訊等),但與Arduino自己出品的板子規格不完全相符,那麼可以考慮Arduino的衍伸改造產品,在眾多改版之中,很有可能可以找到完全符合你需求的板子。

最後,如果專題的I/O針腳需求允許,德州儀器公司的LaunchPad MSP430非常值得考慮,它的價格不高、耗能也低,而且,它的程式開發環境平易近人,是很好的選擇。◢

艾拉斯岱爾‧艾倫(Alasdair Allan)是物件系統(Thing System)公司的共同創辦人,這間新創公司目的在於試著搞定物件的網路應用問題。艾拉斯岱爾同時身兼科學家、作家、改造者的身分,平時喜歡摸東摸西,並且探索目前的潮流,尋找定義下一個世代的科技產品。

FPGAs

現場可編輯邏輯閘陣列(FPGA,field-programmable gate arrays)代表著一系列全然不同的產品,有了微控制器之後,我們可以透過晶片中的程式碼控制軟體。但是如果使用FPGA,那麼是從空白的板子開始,從硬體面來設計晶片,除非你自己編寫,不然處理器不會執行任何軟體。

這聽起來很瘋狂,但其實這給了你充分的處理彈性。舉例來說,如果你需要一個以上的序列埠,只要在晶片設計裡加入一個就行了,而且,你甚至可以將硬體設計成你還要自行編寫軟體的空白處理器,許多公司(例如Intel)都使用FPGA概念來製作他們的晶片。

Gadget Factory出品的Papilio One就是一款開放原始碼的FPGA專題開發板,為初學者與業餘愛好者量身打造。這款開發板的核心是Spartan 3的FPGA晶片,包含48個I/O針腳,還有2個與Arduino相容的「軟處理器」,可以載入陣列,所以你可以很快開始執行Arduino 整合軟體開發環境。這款開發板才要價38美元,的確是入門者的好選擇。如果要找規格更高的版本,也有Papilio Pro(85美元)這個選擇,還有 Embedded Micro公司出品的 Mojo開發板(75美元)這個選擇,這一款開發板的核心是Spartan 6晶片,還有84個 I/O針腳、8個類比輸入針腳跟9個LED喔!

Papilio One FPGA開發板。

雖然價錢比Papilio One稍貴一些,但是Embedded Micro公司的Mojo開發板的確是功能較強的平臺。

NOW WHAT, NOOBS?

文：克雷格‧李賢　譯：劉允中

4個有趣的Arduino專題，提升你的微控制器使用技巧！

現在，我們對於微控制器有了基本的認識，你一定已經迫不及待想要嘗試組裝一些零件、製作自己的專題了吧！本文將介紹幾個Arduino入門專題，如果有興趣的話，可以前往 **makezine.com/projects** 網頁找到更多好玩的專題喔！

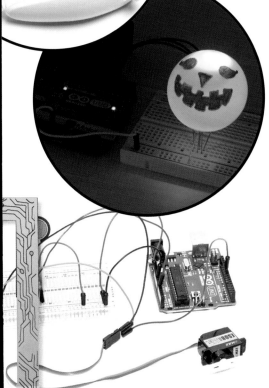

沙發猴子守衛

makezine.com/projects/monkey-couch-guardian

這個惱人的裝置會把貓咪或其他可能掉毛的寵物從沙發上趕走，不讓他們到處跳來跳去。其實，這個專題就是應用了簡單的被動式紅外線人體感測器（PIR）來控制敲鑼打鼓的猴子玩具，當然，它也可以用來和你的父母、小孩或室友玩喔！

Wii Nunchuk 老鼠

makezine.com/projects/make-33/wii-nunchuk-mouse

將 Wii Nunchuk 改造成滑鼠，並為你的電腦加上動作控制功能聽起來很不錯吧！ Wii Nunchuk 的內建 I2C 序列協定很適合作為與 Arduino 的通訊介面，而且，接頭還可以連接跳線，所以不需要把線剪斷或使用專門的轉換接頭。

三色 LED 的色光變換

makezine.com/projects/use-a-common-anode-rgb-led

想要在下一個專題中加上宜人的光彩嗎？這一篇文章會討論使用 Arduino 來轉換一般三色 LED 燈光顏色的方式，你可以用它來點綴節慶的裝飾品，或者將它放進星際大戰的千年蒼鷹號（ Millennium Falcon ）太空船裡面當裝飾！

控制伺服機

makezine.com/projects/control-a-servo-with-a-forcesensitive-resistor

這個簡單的專題使用壓力感測器來控制伺服機，伺服機的位置會依照感測器的讀數來決定，這種應用方式很適合許多操縱物體的專題或其他和壓力感測有關的惡作劇專題當中。◪

✚ 如果你做了本文提到的專題（或者其他的專題）之後願意和我們分享，歡迎來信 editor@makezine.com.tw。

THE BOARD ROOM

開發板新貴

**與9種新的開發板相見歡，
並看看他們有什麼好玩的應用方式吧！**

　　每天上市的開發板數量都不斷增加，最近，這些新的開發板納入無線通訊、內建馬達等新的功能。在這一篇文章當中，我們訪問了**9種**新開發板的製作團隊，請他們分享一個他們最喜歡的相關應用專題。

1.Mojo 的FPGA開發板──

容易使用的FPGA開發版

巨型圖像等化器

　　為了展現Mojo開發板（embeddedmicro.com）的強大效能，我們打造了一款（2.5'×1.25'）等化器，包含3片雷射切割的保麗龍，形成一個10×10的三角形網架，每一格裡都有3個RGB LED，總共就是900個LED（上圖）。這些LED用金氧半場效電晶體（MOSFET）來驅動，由Mojo開發板上84個I/O針腳中的70個直接控制。此外，等化器上面還有麥克風，連接到Mojo開發板的輸入針腳上，這在其他FPGA開發板上並不常見。為了表現聲響視覺化效果，Mojo會持續對麥克風收到的聲響訊

號進行取樣，並將樣本訊號儲存在緩衝器當中，如果緩衝器容量滿了之後，會將樣本丟去FFT轉換器裡進行頻率分析。輸出的訊號則會以24位元的色光展示，展示的速率達到每秒190張。另外，色光展示有做兩倍的緩衝與同步，這一切卻只需要用到Mojo可用資源的百分之二十！

2.TinyDuino開發板──

比25分錢硬幣還小的Arduino相容板！

GPS貓用項圈

　　我們家養了一隻9歲的公貓，名字叫作孔立

（Conley），牠喜歡在家附近散步，一去就是好幾個小時，每次我們都搞不清楚牠在哪裡、做了什麼事等。直到最近，我們決定改善這個問題，於是我們作了一個GPS追蹤系統，裡面用的就是TinyDuino（tiny-circuits.com）。這款開發板的特色就是體積很小，而且重量很輕，還可以支援Arduino開發板！這一款GPS裝置可以紀錄位置，並在每一秒鐘將資料存入microSD卡裡面，這樣一來，每當孔立回家之後，我們就可以把micro SD卡拿出來，放進電腦裡，在Google地圖上看到牠今天去了哪裡！

2

3.Spark Core開發板
搭配支援網路的Wi-Fi裝置
簡單的保全系統

　　如果可以自己做出保全系統，為什麼每個月要付49美金交給保全公司呢？我們將Spark Core（sparkdevices.com）開發板與被動式紅外線人體感測器搭配，製作出簡單的保全系統，只要感測到任何動作，就會產生網路「事件」。將這個專題搭配Twilio雲端通訊裝置（想像成用API發送SMS）之後，我們就可以做出安全警報裝置，每次偵測到動作的時候都會發送簡訊通知。更進一步，加上智慧型手機的全球定位系統，那麼即使你不在家中，也會收到動作偵測的簡訊喔！

3

4.Moti──配有智慧型馬達的Arduino相容板
智慧型手機控制旋轉臺

　　我們希望做出一款可以用智慧型手機或平板電腦控制的旋轉臺。我們的產品Moti是一款智慧型馬達（moti.ph），內建與Arduino相容的小型馬達控制器以及連續編碼器，讓一切變得簡單許多。首先，我們以雷射切割的方式切切夾板，並從老舊的錄音機上面拆下一些零件，再裝到夾板上。接著，我們將藍牙擴充板接到Moti的針腳上，再插到正確的位置。打開Moti應用程式就能自動就偵測到馬達，還有圖像可以讓我們選擇馬達的速度與位置。接下來只要滑動與點擊，馬達就會遵照我們的指示。後來，我們的朋友羅伯（Rob）用Javascript設計了一個客製化的界面，可以用Moti的RESTful API來控制旋轉臺，甚至還可以刮唱片喔！DJ Moti出場了！

4

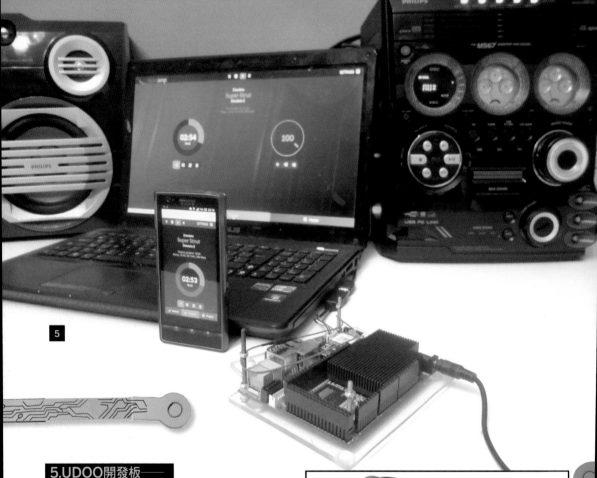

5

5.UDOO開發板──
支援Android、Linux、Arduino和ADK 2012

高品質音樂播放軟體

　　Tsunamp是一個免費、開放原始碼的Linux 套件，可以讓UDOO（ udoo.org ）開發板搖身一變成為高品質的音樂播放軟體。它的設計理念就是以平易近人的使用介面達到高品質的音響效果。基本上，只要將Tsunamp裝到UDOO開發版上，它就會變成一個音訊播放程式，加上UDOO的內建無線網路接受器，只要用智慧型手機、個人電腦、蘋果電腦系列產品和平板電腦就可以操控。Tsunamp可以抓取存在NAS或USB裝置內的音樂檔案、播放網路上的廣播、甚至還可以當做AirPort無線網路基地臺的接收器來用！不過因為一些問題，這個計劃目前暫停中。有興趣的話，可以上tsunamp.com追蹤。

6.Digispark開發板──
以ATtiny85晶片為核心，比Arduino更小更便宜

6

藍牙控制機器人

　　許多自造者將Digispark（ digitstump.com ）套用在需要與電腦主機通訊的專題當中，這是因為Digispark可以模擬鍵盤、滑鼠、搖桿，甚至還可以直接傳送資料。其中，有一個令人印象深刻的專題，是大維・艾斯托佛（ Dave Astolfo ）製作的

CamBot。CamBot其實就是用藍牙控制的樂高機器人,裡面使用的是 Digispark 開發板、Digispark 馬達驅動擴充板、便宜的藍牙模組、網路攝影機和一些馬達。這款機器人可以到達人們難以企及的地方,像是暖氣的管線等。而且,它可以使用智慧型手機控制,這樣一來,使用者在控制的同時還可以看到影像回饋。大維的厲害之處在於只用了 Digispark 開發板就做到許多使用 Arduino 的專題做不到的事情。因此,我們對其它應用方式充滿期待,希望之後可以看到其他玩家的更多創意!

7.JeeNode開發板——
有Atmel的8位元RISC微控制的Arduino相容板
網路能源監測器

美國加州大學戴維斯校區的西部冷卻效能中心(jeelabs.com)原型開發套件包來製作網路裝置(透過內建915 MHz 無線電波系統通訊),希望用此來促進並監測學生公寓中的節能措施,這些裝置只需要兩顆三號電池就可以使用兩個月喔!

8.BLEduino——低功耗藍牙的Arduino相容板
智慧型手機電玩控制器

在虛擬控制器專題當中,我們用BLEduino(bleduino.cc)來玩經典的電腦遊戲,負責接收智慧型手機上虛擬控制器的訊號。當iPhone的應用程式收到被按鈕的訊號,就會傳送一個指令到BLEduino,這個時候,BLEduino就會把這個訊號轉換成電腦鍵盤按鍵的點擊位置 (BLEduino的

應用程式是這款開發板很重要的環節,因為它提供了所有需要和板子本身通訊用的使用者介面與程式庫)。BLEduino鍵盤的原理其實就是模擬一般連接主機的鍵盤,並透過藍牙接收指令罷了。

9.TinyG——多向度動作控制系統
電腦控制的三軸銑床機

TinyG(synthetos.com)是一款完整的單板嵌入式多向度動作控制系統,這款開發板使得工業級的控制功能變得不再難以企及,而且效能依舊強大,即使是專業級的使用者也不會失望。TinyG可以用在取放型機器、小型工業生產線或其它需要精確動作控制的地方。Othermill(otherfab.com/products)就是一款以TinyG控制器為核心的可攜帶、電腦控制的三軸銑床機。Othermill的精準度高,可以用在細緻的電子機械原型開發上。體積小跟安靜的特點也讓它可以作為家用。

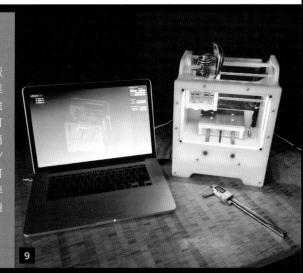

網站上的內容: 跟著 *Seeed Studio* 的艾立克·潘（*Eric Pan*）學習硬體裝置的創作吧 makezine.com/go/seeedstudio。

THE TALE OF PINOCCIO

皮諾丘傳奇

兩位自造者創立新公司的冒險旅程。

文、圖：
莎莉·卡森
譯：曾吉弘

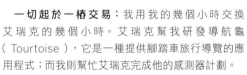

　　一切起於一樁交易：我用我的幾個小時交換艾瑞克的幾個小時。艾瑞克幫我研發導航龜（Tourtoise），它是一種提供腳踏車旅行導覽的應用程式；而我則幫忙艾瑞克完成他的感測器計劃。

　　我和艾瑞克·詹寧斯（Eric Jennings）最近才剛慶祝完我們公司的週歲生日。現在，我們的皮諾丘（Pinoccio）公司（pinocc.io）營運理念是「為打造物聯網建立一個軟硬體齊備的生態系統」。現在回想起來，其實剛開始創立時我們並沒有這麼清楚的設計理念。這篇便是皮諾丘第一年的故事——充滿著死胡同、失敗、教訓和上帝的顯靈。讓我們從頭說起吧。

　　剛開始討論時，艾瑞克提到他在執行DIY計劃的時候總覺得無線網路連接很困難。他是個天才，擁有綜合電子工程與軟體工程兩種領域的能力。跟他擁有同樣背景的人點出了一個機會——危機就是轉機！為了解決這項麻煩，艾瑞克想要研發一種無線

的遙控感測器網路。當然，到最後這項計劃超越了一般的感測器網路。

我跟艾瑞克説這項計劃讓我想起布魯斯·斯特林（Bruce Sterling）在他2005年的著作《形成事物（Shaping Things）》中提到的「spimes」概念。斯特林所描寫的spimes是指能夠存於時空的物質。它們讓主要是由數位資訊組成的事物轉換成實際物質，或者如作者所描述：「將非物質系統物質化」。即使內容裡沒有明説，不過這本書主要就是在介紹物聯網。

艾瑞克讀過這本書後，我又再重讀了一遍。事實上我大概讀過7遍了吧。在2005年，斯特林所提出的許多説法都只停留在理論階段，但也從那之後開始實現。這簡直充滿了未來主義的味道！能夠參與這項計劃使我非常興奮，本來只是一項小交易，但很快地，我便告訴艾瑞克：「你知道，我比較喜歡你的點子。」於是，導航龜只好乖乖地縮回殼裡（導航龜抱歉啦）。

我之所以如此鬥志高昂的一部分原因，是我認為斯特林的spimes概念或許可以用於防止氣候變遷所帶來的災害。概念近似於事先準備好充足的資料，在真正需要時便能防患於未然。

這個想法承繼自公民輻射監測（SafeCast）計劃（safecast.org），一個自造者們在日本福島核災發生後不久發放自製的蓋格計數器（Geiger counter）給日本人民的計劃，讓人民對於自己生存的環境能擁有精確的相關資料，而這也是皮諾丘計劃的一大目標。

但現在先讓我們回到剛剛提的技術性問題：讓無線硬體設備容易連接上網路。皮諾丘能應用的範疇似乎無邊無際，所以我們覺得應該要先將重點放在先導專案上。因此我們決定以自動灑水系統作為測試新技術的第一站。

接下來的一兩個月，我們都沉浸在自動灌溉技術的世界理。我和艾瑞克各自花了不少時間在網路上蒐集資料，畢竟我們都不是這方面的專家。但我們竭盡所能的學習，向專家請教，研究土壤濕度感測器等。艾瑞克甚至去拜訪了位於內華達的沙漠研究中心。我們也研究促使人們節水的動機（結果發現，給予他們鄰居的用水量來互相比較的效果相當好）。

我們發現自動灌溉技術具有發展的強大潛力，我們認為我們可以成功將這項概念商業化。最重要的是，這個任務一定很有趣又富有挑戰性，而節水也是很值得投入的領域。但我們仍舊覺得有那麼一點不對勁，灑水器畢竟不是我們的熱情所在。

我們有點忘了當初我們究竟為什麼會對皮諾丘計

劃產生熱情。可能是被我所謂的「亮晶晶的東西」給分散了注意力吧。這麼說來，這些亮晶晶的東西便是讓灑水系統擁有商機的原因。我們現在要暫停，倒轉一下：我們最感興趣、最想要解決的問題是什麼？

我們回想當初最令人興奮的事：我們想要用皮諾丘製作東西！我們想做的是電腦腳踏車、四旋翼直昇機和DIY Fitbit等。而當我們向朋友介紹這套系統時，他們甚至替皮諾丘想到更好的使用方式：像是在青蛙實驗室溫度過高時，便會自動收到簡訊提醒；或是建立一整個都市的防駭網狀網絡等。幾乎

每次我們向某個人介紹皮諾丘時，就會得到一個超棒的新點子。

退一步來看，我們了解到自己並不想以製作消耗品為目標——我們想做的是能發揮創意的平臺。一個提供DIY的物聯網系統！這個點子讓我們一早就跳出被窩，衝往工作室。我們再度上軌道，帶著新生的熱情以及動力。

現在，皮諾丘的概念開始成形，我們必須知道它是否也能迎合期它人的需求。我們定位出兩種最早期的顧客群：自造者和對硬體有興趣的軟體開發者。我們參加了MAKE的硬體創新研討會、開放硬體會議和Maker Faire等，觀察與實地訪問我們的目標顧客群。

我們的目標是了解他們的「情感面」——他們的需求、完成事情的動機以及目標等。我們十分謹慎地避免提出引導性問題，例如：「你們願意購買皮諾丘嗎？」相反地，我們會針對對方的既有習慣，提出開放性問題，例如：「你製作過最酷的東西是什麼？」和「你會使用什麼工具？」我們會做大量的筆記，回辦公室後再統一彙整。

這些調查讓我們確認自己正進行的計劃是有市場需求的。這些意見可以幫助我們完成不少早期產品決定和需求取向。電池壽命的長短是重要關鍵，而無線網路非常耗電，所以我們讓微控制器（我們稱之為「童子軍」）可以透過低電量的網路無線電（802.15.4）互相通聯。一個小童子軍透過無線網路背包（是的，我們稱擴充板為「背包」）就可以串聯起整隊的童子軍（我們稱之為「部隊」）連上網。終於，一支新的部隊只要數分鐘拆裝後後就能無線連上網路。

經過約4個月的原型製作與琢磨，我們準備好要舉辦一個募資活動。我們知道這次的活動若不能達到集資的目標額，我們便要從頭開始。令人欣慰的是，這次活動相當成功。我們得到很好的回饋、與來自世界各地的自造者交流，而且還有一個專門贊

助各種計劃的集團開始加入我們的募資平臺。

　　當我寫到這裡時，我們仍然正處於板子第一回試生產的陣痛期。我們不僅學習到遵從內心渴望，為自己所愛而奮鬥；也學習傾聽顧客的心聲，了解他們的真正需要。現在，我們迫不及待要把皮諾丘推向世界舞臺，看看大家如何創造出更驚奇有趣的使用方式！◢

莎莉・卡森（Sally Carson）是一位用戶體驗設計師與皮諾丘的共同創辦人。她一講起腳踏車就會滔滔不絕，而且還出了一系列叫做《煞車（The Skids）》的漫畫書，敘述她在紐約市當腳踏車快遞員的經驗。

5件可以用皮諾丘完成的酷炫事

1.製作網路遙控車

　　我們將皮諾丘裝在 Pololu 3pi 機器人上，做出一臺可經由網路遙控的無人月球車。接著我們就可以在內華達透過網路遙控遠在巴西（等同10,000公里外）的月球車。可以由此網址查看影片與計劃程式碼：pinocc.io/examples/webrover

2.如果有東西太熱或太冷，請傳訊息給我

　　無論是實驗室、啤酒槽甚至一片巧克力都需要保持在一定溫度範圍內。請保護好你寶貴的執行計劃，太熱或太冷時都能隨時知道。

3.解鎖嗎？看我的！

　　將一個皮諾丘童子軍裝在你的腳踏車上，當你快到家時，車庫門便會自動打開。你的鄰居會開始好奇你是不是一位超級間諜。

4.讓3D列印品變聰明吧

　　你的 Replicator 印表機剛印出來的球狀物體一定很酷，但是如果它能夠思考的話豈不是更酷嗎？在上頭留下一個 micro USB 插槽以供充電，或是連接一個太陽能背包，就可以吸收任何可見光之後進行涓流充電，檯燈也可以用喔！

5.製作革命性溝通工具

　　擔心你的手機網路通訊或是推特會在柔性抗議活動發生時收訊不良嗎？拿出可獨立定址的網狀網路吧，這樣就可以在下一場示威開始時與同伴互相聯絡了。

雲端冰箱
CLOUDFRIDGE

將你的冰箱連上物聯網吧。

文：托德·E·寇特、麥克·庫尼亞夫斯基
譯：曾吉弘

Gunther Kirsch (photo), Fonco Creative and MAKE (diorama)

材料：

» **Arduino Uno微控制板**：Maker Shed網站商品編號 #MKSP11，makershed.com，30美元。
» **Arduino乙太網路擴充板**：Maker Shed網站商品編號 #MKSP7，60美元。
» **BlinkM智慧LED**：Maker Shed網站商品編號 #MKTNC1，15美元。
» **磁簧開關**：Amazon網站商品編號#B008NXFKLK，不過我是從迷你的門窗警報器上拆的。
» **稀土磁鐵（非必要）**
» **9V電源**：Maker Shed網站商品編號#MKSF3，7美元。
» **乙太網路線**
» **單芯線**
» **乙太轉無線網路橋接器（非必要）**
» **在電腦上執行的Arduino IDE**：從arduino.cc免費下載。
» **專題程式碼**：從makezine.com/36下載。

工具：

» 烙鐵與焊錫

物聯網（IoT）本質上就是我們已經擁有的網際網路，但現在卻不只是人類在使用它——各式各樣的裝置也是它的使用者。時至今日，你可以買到那種洗好衣服就會用推特通知你的洗衣機，或是會在灑水前先查詢天氣預報的自動灌溉器。

免費的資料主機服務以及可以存取它們的Arduino函式庫，讓任何感測器既簡單又不花錢地與雲端連接，並接收資料。這些主機能儲存歷史資料，提供分析工具以及格式化的資料串流，以便其他裝置讀取。

這種基本結構讓你能測試你的IoT設備。所以，我們該把什麼東西連接上網路，而原因又是什麼呢？

雲端冰箱

你的冰箱是一個耗電大怪獸。每當有人打開冰箱門時，冷空氣會流出去，而熱空氣會流進來，接著冰箱又必須要重新冷卻。開門一次約會消耗7%至10%的冰箱用電，也就是約28瓦/小時（Wh）；一年下來約消耗500,000瓦，相當於每年花費超過100美元在冰箱上。若是讓門開著過久、壓縮機持續運轉的結果，每小時便會用掉1,000瓦。現在，冰箱裡的宵夜點心看起來沒那麼可口了吧。

這項計劃透過一片連上乙太網路的Arduino與磁感測器，來讓你的冰箱門得以連接上Xively資料服務。這是用來監控開門的頻率以及時間長短，接著產生永久性資料檔案，方便你估測使用狀況。將Xively用在小型專題上是免費的，而且它的發起人也是我們的好朋友。當然你也有其他選擇，例如Nimbits、Paraimpu、ThingSpeak、2lemetry、sen.se以及ioBridge。

1. 設定你的數據饋送（ Feed ）

先在Xively（ xively.com ）建立一個帳戶。點選「開發（Develop）」標籤，再選擇「加入裝置（Add Device）」，輸入你的雲端冰箱名稱以及敘述，接著點開「個人裝置設定（Private Device Setting）」，最後點選「加入裝置」。

現在你來到了裝置開發頁面。先記下頁面上方的Feed ID號碼，點選「增加頻道（Add Channel）」以創造出兩條資料串流：顯示冰箱開啟的次數的「開啟次數（openCount）」，以及顯示門開啟的時間長度的「開啟時間（openDuration）」。點選「儲存頻道（Save Channel）」，你的饋送就可以接收資料了。

你同時也會需要一個API金鑰來核准你的裝置更新資料。點選「新增金鑰（Add Key）」，為鑰匙命名，檢查4個權限核取方塊，再點選「儲存金鑰（Save Key）」。你會看見一條長達48個字的亂碼字符，把它記下來，待會你便會用到這個金鑰和Xively Feed ID。

2. 製作硬體

這項專題需要做一點點焊接。接線圖如圖A所示，門上的感測器是一種磁簧開關，是從2美元就能買到的門窗警報器上拆下來的。將機箱門彈開，接著把一對電線繞過一個玻璃管，焊接上去就成為開關（圖B）。將電線穿過電源開關孔，再將盒子扣上。

就一般的開關輸入來說，在開關未被按下時，你會需要一個電阻來設置電壓。但這次我們將在開關腳位上使用Arduino內部的上拉電阻，你會在草稿碼中看到這樣的東西來啟動它：

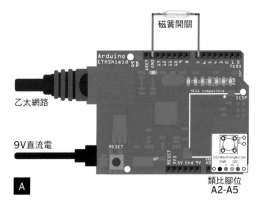

磁簧開關

乙太網路

9V直流電

A

類比腳位
A2-A5

```
pinMode(doorPin, INPUT);
digitalWrite(doorPin, HIGH);
```

　　將乙太網路擴充板接上Arduino，而磁簧開關的線則接地和接到介面卡上的7號腳位上。最後，將BlinkM接到A2至A5腳位上（圖C）就成了視覺指示器。BlinkM能夠以I2C序列通訊協定來溝通，通常Arduino的A4與A5腳位也能夠支援。只要將A3設為HIGH，A2設為LOW，就能為BlinkM產生出「虛擬電源」。

3. 載入Arduino草稿碼

　　先從makezine.com/36下載Arduino的草稿碼，以及設定Xively與BlinkM通訊的函式庫。開啟CloudFridge0.ino這份草稿碼，點選XivelyDetails.h標籤，輸入你在步驟1設定的Xively Feed ID以及API金鑰，然後存檔。

　　這份草稿碼是從Arduino乙太網路函式庫中的PachubeClientString範例程式碼改寫而成，但它使用DNS來與api.xively.com連線；並且它也不會向你索取靜態IP，而是直接使用DHCP自動連上你的家用網路。另外，它也採用了特殊防滾翻的機制來處理millis()功能，以防資料在49天後歸零。

　　門感測器每100毫秒（ms）會讀取並更新資料一次。每隔30秒會傳送門的累計資料至Xively。若你想調整時間間隔，可以分別修改doorUpdateMillis和postingInterval這兩個變數的值。

　　送出的兩筆數值資料就是doorOpenings和doorOpenMillis變數。這些數值必須要先轉換成字串，而由字串長度決定數值大小（因為Xively使用HTTP PUT來進行網路要求，這要用到Content-length為標頭）。我使用的是sprintf()功能：

```
char datastr[80];
doorOpenings=2;
doorUpdateMillis=13700;
sprintf(datastr, "%ld,%ld",
doorOpenings, doorOpenMillis);
Serial.println(datastr); // prints
 "2,13700"
```

　　來將這些變數轉換成一列逗號分隔值（CSV）。

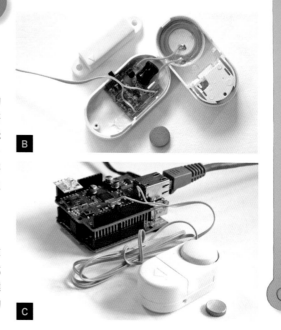

Xively接受CSV、XML或是JSON格式，但CSV對本專題來說最為方便。

4. 開始測試

　　將磁鐵放在磁簧開關上，以啟動「關門」模式。將乙太網路線接上Arduino以及你的家用路由器。在電腦與Arduino之間接上USB連接線，再按下Arduino IDE的上傳鍵。打開Arduino的序列監視器，你便會看見一則狀態訊息，說明它連上乙太網路以及試傳狀態資料給Xively。

　　將磁鐵拿開，Arduino就會每100ms顯示一次「doorOpen!」這個訊息，直到你將磁鐵放回為止。幾秒後，它會成功產生出一筆門資料的HTTP PUT要求給Xively。你的資料已經存進雲端了。

5. 瀏覽Xively資料

　　Xively的圖表可以給你整體狀況的初步概念（圖D），但它們較著重於採樣。若想要看見實際累積資料如開門次數，累計資料會比較合適。

　　所以在除錯時使用XML格式及網址要求來檢查資料會更有教育意義。Xively有非常出色的API（xively.com/dev/docs/api），在這裡也十分有用。你所建立的每一個饋送，都會產生相應的XML資料網址。只要在其中加入查詢參數，你可以選擇想要查看的時段以及資料樣本。其中最重要的參

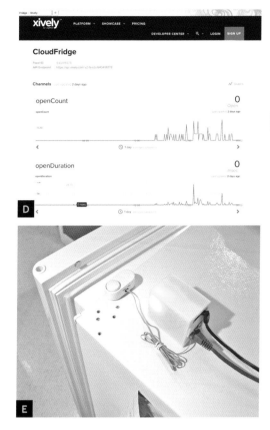

Create your 🐦 Tweet

Message (required)
The content of your new tweet.

Close the Fridge! Body Environment Feed
Body Triggering Datastream ID
Body Triggering Datastream Value Value

F

鐵。藍燈應該會熄滅（若感覺磁鐵吸力不夠，請換成稀土磁鐵）。打開冰箱門，藍燈便會亮起（圖E）。請使用膠帶或是熱熔膠將開關固定好，你的冰箱就這樣飛入雲端囉！

7. 傳送警訊

如果出現了特殊情形，Xively會傳送HTTP POST到你所指定的網址。例如：當冰箱門開啟超過20秒時，很明顯地，我就只是站在冰箱前找吃的而已。傳到推特上公開譴責我吧。Zapier這項服務可以讓你在網路應用程式裡自動執行工作（圖F）。若將Xively的事件觸發連結上Zapier，當openDuration超過20000時，你就會傳送一則訊息到推特（「陶德，關上冰箱！」），透過Twilio啟動電話或簡訊通知，或是啟動網路應用程式。請上這個網站了解更多細節：xively.com/dev/tutorials/zapier/。

這只不過是一切的開始。將這項裝置安裝在你的大門、寵物門、冷氣或是任何想連接上物聯網的東西吧！🔲

數是interval=0，代表列出所有資料。若只要列出最近的資料，選擇你的XML feed所示的現在時段，取出裡面的幾分鐘，再做出你的start=參數。例如：api.xively.com/v2/feeds/640418878.xml?interval=0&start=2013-07-22T23:30:00Z。XML會輸出每條資料串流清單，每30秒為間隔在資料點中加入一個ISO8601時間戳記。

6. 進行安裝

若你的冰箱附近沒有乙太網路孔，你可以使用任何乙太轉無線網路橋接器，像是Airport Express或是Linksys WET11。

我畫了一個附蓋的機殼（thingiverse.com/thing:21939），當做BlinkM LED的散光器，效果還算不錯，可做為一個容易判讀的狀態指示器。燈暗代表它還不需要工作，藍燈表示門處於開啟狀態，紅燈則代表網路連線有問題。

測試你的磁簧開關和關門狀態下的冰箱門縫磁

托德‧E‧寇特（Tod E. Kurt）與麥克‧庫尼亞夫斯基（Mike Kuniavsky）共同創辦了ThingM（thingm.com），一個無所不在計算／物聯網設計工作室，也是微型技術製造商。兩人分別都寫過幾本與嵌入性商品和駭客文化相關的著作。

Onion Pi烘焙指南
HOW TO BAKE AN
ONION Pi

文：里真・弗萊德、菲利浦・托倫　　曾吉弘

駭入你的Raspberry Pi來連入匿名
Tor 代理伺服器！

⟋ 時間：1～2小時　　⟋ 花費：90～130美元

老是覺得有人在偷窺你嗎？

只要攜帶一個 Onion Pi Tor 代理伺服器，就可以隨時隨地用匿名的方式瀏覽網頁。這是一項非常酷的週末專題，只需一臺Raspberry Pi迷你電腦，一個 USB 無線網路轉接器，和一條乙太網路接線就可以做出一臺體積小、耗電量低、可攜式的資訊保密 Pi。

使用上也非常簡單。首先，將乙太網路線插進你的住家、辦公室、旅館或是會議室的網路接頭。接下來，用一條 Micro-USB 連接線接上你的筆電或是壁式電源轉接器啟動 Pi。這臺 Pi 會為你創造出一個新的保密網路連接點。此連接點會自動將你電腦的網頁瀏覽導向匿名的 Tor 代理伺服器，完全不會留下一點足跡。

Nate Van Dyke

材料：

方案一

》Raspberry Pi入門工具包： Maker Shed網站商品編號 #MSRPIK（makershed.com）。
這個工具包是Raspberry Pi 初學者的最佳選擇，裡面包 含Raspberry Pi的B模組、 4GB的SD卡、5V2A電源、 Micro-USB和HDMI線。 客 製化的Make工具包則還有： Pi 的 外 殼、Adafruit的 Cobbler GPIO（通用型輸入 /輸出）接頭、一個可供製作 電子原型的麵包板、一些常 用的零件組合，和一本我們 最暢銷的書《Raspberry Pi 一 玩 就 上 手（Getting Started with Raspberry Pi）》。

》Mini USB無線網路模組： Maker Shed網站商品編號 #MKAD55。

方案二

》Onion Pi套件包（Tor路由器） 具備mini Wi-Fi： Maker Shed 網站商品編號#MSBUN44。 對於製作個人專用的Tor代 理伺服器已經是老手的話， 會比較適合此方案。內容包 含RaspberryPi的B模組、 Adafruit Pi外殼、Mini USB 無線網路模組、10'乙太網路 線、Micro-USB接線、5V1A 電源、USB傳輸線和4GB的 SD卡。

方案三

》Raspberry Pi B模組： 需含 乙太網路。
》Raspberry Pi外殼（ 非 必 要）
》乙太網路線
》USB無線網路轉接器： 可適 用RTL8192CU晶片組。
》SD卡： 容量4GB以上。
》5V Micro-USB電源： 至少 額定700mA。
》

工具：

》電腦： Windows，Mac，Linux 系統皆可。
》路由器以及可用的網路接點。
》USB鍵盤
》顯示器： 有HDMI或是複合影 像輸入系統。

Tor是什麼？

Tor是「 洋 蔥 路 由 器（the onion routing）」 服務的簡稱：網路流量會 經好幾層加密包覆，並經 由隨機幾個中繼的線路通 往目的地。這會讓你正在 使用的伺服器（或是任何 正窺伺你網路閱覽的有心人 士）難以發現你的身分與所在 地。對於讓某些被網站杜絕在外 的人能越過限制進入網站是一個很好 的方法。記者、社運人士、商人、執法人 員，甚至是軍事情報人員都使用Tor來維護他們的網路隱私與安全性。

為何使用代理伺服器？

你可能有一些客戶或是朋友想要使用Tor，卻沒有能力或時間將它架設在 他們的電腦上。你可能不想（或是不能）將Tor設在你的工作用的筆記型電 腦或是「租借」的電腦上。你或許會想在筆電、平板電腦、手機、其他可移 動式裝置，或是那些不能安裝Tor，也沒有連接乙太網路的控制臺裝置上能 匿名瀏覽網頁。有許多原因能讓你對Onion Pi產生興趣，並想要製作且使用 它。除此之外，這還是學習Raspberry Pi、網路介面和Linux命令列工具的 有趣方式。

1.準備好你的SD卡

當你購買一臺Raspberry Pi時，它可能會附帶一張SD卡，也可能沒有。 SD卡十分重要，因為它是Raspberry Pi存放作業系統的地方，同時你也會 在那裡儲存文件與程式。即使你在購買Pi時就附贈了一張SD卡並附加了作 業系統在其中，將它升級至最新版本也是不錯的選擇，畢竟改良與錯誤修正 都是與時增進的。

請注意：

在你開始使用代理伺服器之前，請記得， 就算IP位置是「隨機選定」的，他人還是有很多方 式來識別你的身分。所以務必刪除及阻擋你的瀏覽器快 取、歷史紀錄和cookie──有些瀏覽器甚至允許使用「 匿名工作階段」。不要登入那些具有你私人資料的現存帳 戶（除非你清楚了解自己正在做什麼）。 可以的話盡量使用SSL來加密你與對方的通信終端。 並且點入torproject.com這個網站以學習更多、 更安全的Tor使用方式。 這項教學能讓各位更了解Raspberry Pi的實 用性和趣味，但是我們無法保證它能百分之 百的達到匿名與安全效果。請有智慧 地來使用Tor吧。

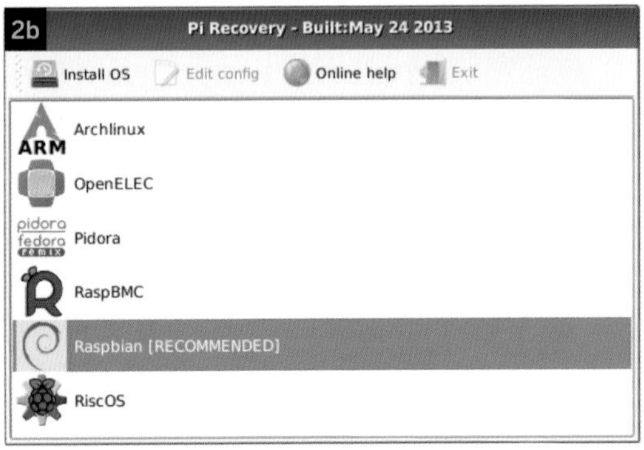

2b | Pi Recovery - Built:May 24 2013

Install OS　　Edit config　　Online help　　Exit

ARM Archlinux

OpenELEC

pidora fedora Pidora
REMIX

RaspBMC

Raspbian [RECOMMENDED]

RiscOS

注意： 這裡的教學會以 Raspbian 系統為主，會與 Linux 系統操作有所差異。

有經驗的使用者對於SD卡有較多的選擇。我們建議新手可以上 raspberrypi.org 這個網站，照著「快速開機指南」的指示來格式化SD卡，並且安裝官方版本的 New Out Of Box Software（NOOBS）封包。步驟簡述如下：

1a. 將卡片格式化。Raspberry Pi基金會推薦使用官方的SD卡格式化工具——SD Formatter（Windows、Mac或Linux系統都適用）來格式化。設定的速度會因為操作系統不同而有所差異。更多細節請查詢「快速上手指南」。

1b. 下載NOOBS。你可以在 Raspberry Pi官方網站直接下載ZIP壓縮檔，不過也有其他的鏡像伺服器可供選擇，或是透過BitTorrent取得。

1c. 將NOOBS壓縮檔解壓縮至SD卡。檔案中會有「bootcode.bin」、「images」和「slides」資料匣，這些都會在最上層目錄裡。

2. 開機並設定組態

如果你想要將Pi裝進殼中，現在是個好時機。

2a. 將準備好的SD卡插入Pi的驅動槽，並注意插頭的方向要正確。請先連接好顯示器與鍵盤。在你接上電源線之後，Pi應該會自動開機。

2b. 安裝Raspbian。在NOOBS的開機畫面中選擇Raspbian，按下Enter鍵，並且按下確定鍵覆寫磁碟。當安裝完成後再按Enter來關閉通知，接著你的Pi將會自動重新開機。

2c. 在一堆文字訊息的最後，你會看見螢幕上出現raspi-config選項畫面。使用方向鍵移動游標，按Enter來選擇。首先更改預設帳戶（Pi）的預設密碼（raspberry），將它換成只有你自己知道的密碼。

小技巧： 你可能會發現在移動游標或是按下選擇時，系統的反應會有點慢。這是正常的，請保持耐心。

2d. 點開國際化選項，選擇你的時區、語言和鍵盤設定。接著選擇「結束（Finish）」，按下Enter。

3. 連接乙太網路／無線網路

大部分的家用網路都可以經由路由器連接上網際網路，不需要更多的組態設定。而在離開raspi-config後，你會看見Raspbian的指令符跳出：

pi@raspberrypi ~ $_

3a. 看見指令符出現後，將你的Pi用標準網路線連接上路由器，插頭一接上後，你會看見網路LED開始閃爍。

3b. 在Raspbian命令行輸入：

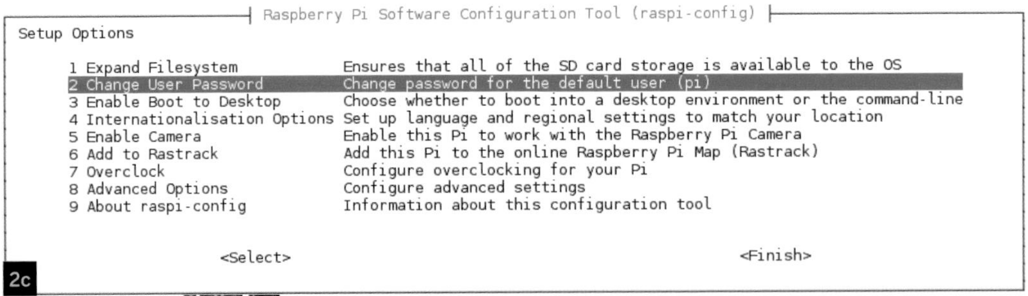

2c

```
┤ Raspberry Pi Software Configuration Tool (raspi-config) ├
Setup Options

    1 Expand Filesystem            Ensures that all of the SD card storage is available to the OS
    2 Change User Password         Change password for the default user (pi)
    3 Enable Boot to Desktop       Choose whether to boot into a desktop environment or the command-line
    4 Internationalisation Options Set up language and regional settings to match your location
    5 Enable Camera                Enable this Pi to work with the Raspberry Pi Camera
    6 Add to Rastrack              Add this Pi to the online Raspberry Pi Map (Rastrack)
    7 Overclock                    Configure overclocking for your Pi
    8 Advanced Options             Configure advanced settings
    9 About raspi-config           Information about this configuration tool


             <Select>                                          <Finish>
```

3a

經典 xkcd 網路漫畫

Randall Munroe

```
sudo wget makezine.com/go/onionpi
```

　　這項Linux指令「sudo」會讓一個使用者得以設定為另一人的安全權限，通常是superuser或是root（這樣想吧：superuser do.）。下一項指令「wget」若沒有「sudo」的前提下是無法正確運作的。

注意： Linux的使用者權限相當複雜，但是在一般情況下，你都會需要sudo來協助指令完成。像是更改卡片設定，更改唯讀指令等。而若是要列出目錄或是單純顯示（不修改）檔案內容，則通常都不需要sudo即可執行。

　　「wget」指令能引導作業系統從網路上擷取檔案，並將參數作為擷取檔案的網址。在這個例子中，我們要取得一對程式化腳本（shell scrip）來取代繁瑣的打字，將你的Pi自動設定為一個無線網路連接點。

小技巧： 若你厭倦一直重複輸入「sudo」，那麼「sudo su」這個指令可以讓你維持superuser狀態，直到你自行取消為止。

　　當你了解指令的用途之後，按下Enter開始執行。若你的網路連線沒有問題，你很快便會收到檔案已儲存的通知。

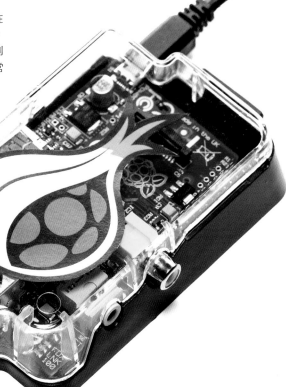

若你的網路連線失敗，你會看見錯誤通知（像是「failed: Name or service not known」），請再次確認你的Pi有正確連接路由器、網路線沒有問題、路由器也設定了DHCP（Dynamic Host Configuration Protocol）功能。

3c. 還不要插上無線網路卡喔！否則Pi和SD卡將會被毀損。首先，輸入sudo halt來關掉Pi。確認關閉後，才將無線網路卡插入接孔。現在請重新啟動Pi。

4.設置「PiFi」存取點

現在我們要把Pi開啟無線網路服務，讓無線網路連入的流量透過乙太網路線連上無線網路。Linux系統的一大好處，便是組態的每一個小細節都可以用輸入指令或修正文件內容的方式來修改，以貼近使用者需求。

但代價便是細節的複雜程度。你必須清楚自己正在做什麼，以確認需修改的地方為何，以及修改方式。

要讓這個程序簡單點，我們準備了一份腳本（使用wget即可下載），它能自動為你完成修正（圖4）。如果你想開始，只要啟動腳本即可，解說如下步驟。

4a. 在你的Pi重新開機後，趕快登入吧。輸入預設使用者ID「Pi」，以及你在raspi-config階段設定的密碼。

4b. 當Raspbian指令符出現時，輸入以下字串來將程式化腳本解壓縮：

```
sudo unzip onionpi
sudo bash pifi.sh
```

我們才剛和sudo打好關係，而現在該來見見新朋友bash了，也就是Linux的指令行解譯器。事實上，你可能在別的地方已經遇過它：你在任何指令符輸入文字時，你便是在與bash進行互動。因為它負責處理你所輸入的文字，並且轉換成實際反應。只要你開啟Linux的指令行，bash便會自動開始運作；不過它本身也可以做為一個指令，用以執行腳本檔案。

在本例中，我們告訴bash解讀腳本pifi.sh，並且執行其中的內容，就像它們已經被輸入指令符裡一樣。

4c. 按下Enter，你會看見腳本啟動畫面，其中有開始執行腳本與中止兩種選擇。再按一次Enter以啟動。

4d. 指令符出現後，輸入你新無線網路的名稱（SSID），以及密碼。

當腳本執行完畢，你的Pi將會自行重新啟動。接著你便能在附近的電腦、智慧型手機、或是其他無線網路裝置偵測到新的「PiFi」無線網路。利用剛剛設定的密碼登入無線網路，打開瀏覽器，連入你平常會用的網站來確認一切運作順利。

若你只是想設定你的Pi成為一個無線網路存取點，這樣就完成了！你甚至不需要再登入Raspbian。現在只要啟動Pi，它便會自動提供無線網路路由器的功能。

注釋： 你的網路名稱跟密碼稍後都可以使用修改config文件的方式來進行更改。

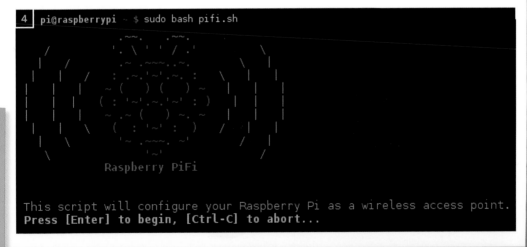

```
4   pi@raspberrypi ~ $ sudo bash pifi.sh
```

```
                    .:~.     .:~~.
                 /  :` \ | /  `:  \
              | /  .~~. ~|~ .~~.  \ |
              | |   ( .   |   . )   | |
              |( :  ( :  ~|~  : )  : )|
              | |   ( '   |   ' )   | |
              | \  '~~' ~|~ '~~'  / |
                 \  :. / | \ .:  /
                    ':~'     ':~'

                Raspberry PiFi
```

This script will configure your Raspberry Pi as a wireless access point.
Press [Enter] to begin, [Ctrl-C] to abort...

注意：若需要慢一點且詳細一點的解說的話，我們會建議在另一臺電腦上打開pifi.sh腳本（它只是一個文字檔案），並且自行輸入指令，以完整感受每個指令的功能，以及系統對個別指令的反應。如果你感興趣的話，這份腳本的備註都有更技術性的細節。

5. 安裝Tor

現在我們要繼續設定Pi，靠著Tor的使用來將網路使用匿名化。再次登入Linux，並且用此指令執行下一個腳本：

sudo bash tor.sh（圖5）

這個腳本較不複雜。基本上，它會安裝Tor軟體並設定組態，更新你的IP表格來讓所有的流量經由它。像之前一樣，在執行腳本之前不妨好好讀一下腳本中的指令以及備註，在當中有更多的技術性細節。

腳本執行完畢後，Pi會自己重新啟動。Tor代理伺服器要在重開機完成後才能正常運作。

6. 匿名瀏覽

Pi完成重新開機之後，使用附近的電腦、智慧型手機或是其他無線網路裝置登入你的「PiFi」無線網路。接著打開你慣用的瀏覽器，進入check.torproject.org這個網站。若你的Onion Pi運作正常，那麼你會看見如圖6的畫面。

更進一步

我們使用乙太網路的原因是它不需要設定組態或是密碼——你只需接上網路線，取得DHCP即可。但如果你想要的話，設定無線網路對無線網路的代理伺服器也並非難事。你會需要使用兩個無線網路卡，並且編輯/etc/networks/interfaces的設定來加上包含SSID和密碼的wlan1介面，以符合網路提供者的資訊。更多細節請見：makezine.com/go/pifi2.wifi。

想要讓你的網路位置出現在任意一個國家的話，在Tor中設定組態也相當容易。例如，有一個叫做「torrc」的組態檔案將Pi設定在IP位置192.168.0.178，並假裝「位在」英國：

```
Log notice file /var/log/tor/notices.log
SocksListenAddress 192.168.0.178
ExitNodes {GB}
StrictNodes 1
```

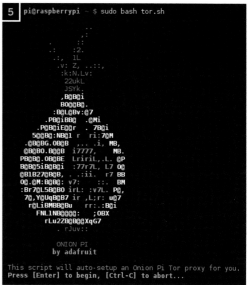

```
pi@raspberrypi ~ $ sudo bash tor.sh
```

ONION PI
by adafruit

This script will auto-setup an Onion Pi Tor proxy for you.
Press [Enter] to begin, [Ctrl-C] to abort...

Are you using Tor?

https://check.torproject.org

Congratulations. Your browser is configured to use Tor.

Please refer to the Tor website for further information about using Tor safely. You are now free to browse the Internet anonymously.

Your IP address appears to be: 77.247.181.164

This page is also available in the following languages:

你也會需要設定瀏覽器的組態，以便在192.168.0.178（或是任何你的Pi所在位置）的port 9050使用SOCKS5代理伺服器。

若你喜歡使用Tor，你可以成為一個中繼點來讓它更快，或是成為出口節點來增加其效率。更多細節請查閱：torproject.org。

最後，如果你想要支援Tor系統，卻不能讓自己成為中繼點或出口節點的話，請考慮資助這項計劃來支援開發、設備和其他開銷。如果你住在美國的話，這項捐款甚至可以替你減稅。✔

里莫·弗萊德（Limor Fried）是Adafruit Industries的所有人，一家位於紐約的開源硬體與電子組件公司。

菲利浦·托倫（Phillip Torrone）是《Make》雜誌主要的文章編輯，同時也是Adafruit的創意總監。

Android-Arduino 智慧 LED

ANDROID-ARDUINO LED LIGHTING

文：崔偉・功農　譯：曾吉弘

⚡ 時間：2～3小時　⚡ 花費：50～100美元

將智慧型手機接上微控制器，只要滑一滑手指就可以讓LED閃爍五彩燈光。

　　想要來場觸控燈光秀嗎？將這個變色RGB LED條貼在咖啡桌下、腳踏車或是任何需要增添一點色彩的東西，然後使用智慧型手機來執行閃燈吧。

　　要讓智慧型手機像Arduino那樣接上嵌入式微控制器的方法有很多。在本專題中，你會在USB主機模式下使用Android設備。如此一來，手機便可同時提供裝置電源與傳遞訊息。即使Arduino是透過USB連接的，訊息傳遞也會經過序列，就像直接連接到電腦一樣。

　　當你的手機可以與Arduino溝通之後，你將會開啟充滿冒險的新世界的大門。

1. 建立電路

　　RGB LED條通常有4條線：一條提供電源，另外三條分別控制紅、綠、藍燈。燈條通電之後，將其中任一條控制線接地即可讓對應的LED達到最大亮度。在其中一條控制線上使用脈衝寬度調變（PWM），你便可以控制燈泡的亮度。

　　當紅綠藍三色燈泡都達到最大亮度時，一條一公尺長的線幾乎可以通1A的電流。

　　一個Arduino的輸出端針腳只能提供約40mA的電流量，所以你必須採用驅動電路來提高供電量。一條電路需要從Arduino接收3個PWM訊號以驅動3個電晶體提供紅、綠與藍三色LED的電量——這樣

Trevor Shannon

材料：

- **Arduino Uno微控制板：** Maker Shed網站商品編號#MKSP11（makershed.com），radioShack #276-128，或其他有USB轉序列的Arduino。
- **Android系統的智慧型手機或是其他可採用USB主機模式的面板：** 在makezine.com/go/android-arduino可以找到一些可相容的手機款式清單。
- **USB連接線，On-The-Go（OTG），micro-B型公頭對標準A母頭：** 你可以花5美元買一條，或是自己做（見步驟2）。
- **RGB LED條，無定址，1m（或是更長）：** 像是Adafruit公司出品的#346。
- **高功率NPN電晶體：** 像是TIP31，RadioShack網站商品編號#276-2017。
- **1kΩ電阻（3）：Radio Shack網站商品編號#271-1321。**
- **交流電變壓器，12V，1A：** RadioShack網站商品編號#273-316或是273-462。
- **麵包板：** RadioShack網站商品編號#276-098，Maker Shed網站商品編號#MKKN3或MKEL3。
- **跳線：** RadioShack網站商品編號#276-173，Maker Shed網站商品編號#MKSEEED3。

工具：

- **烙鐵與焊錫**
- **電工膠帶**
- **剝線鉗**
- **刀片**
- **可用運行Arduino IDE軟體的電腦：** 在arduino.cc可免費下載。
- **專題程式碼：** 可從makezine.com/36下載。

注意： 這項專題須自行評估風險再執行。我們在試作時曾燒毀一支手機。並非所有的Android手機都適用USB主機模式，請務必選用有Android作業系統與USB主機模式硬碟的手機。更多細節請見：android.stackexchange.com/questions/36887。

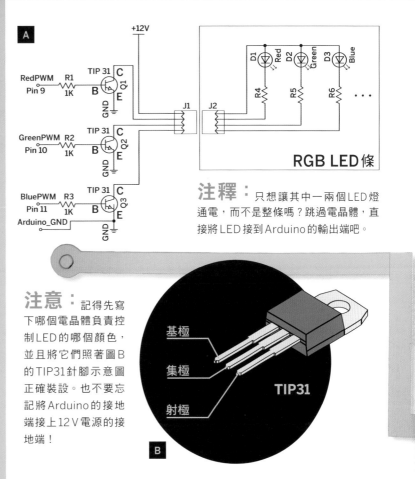

RGB LED條

注釋： 只想讓其中一兩個LED燈通電，而不是整條嗎？跳過電晶體，直接將LED接到Arduino的輸出端吧。

注意： 記得先寫下哪個電晶體負責控制LED的哪個顏色，並且將它們照著圖B的TIP31針腳示意圖正確裝設。也不要忘記將Arduino的接地端接上12V電源的接地端！

基極
集極
射極
TIP31

你就可以自由控制每種顏色的亮度，混和出任何想要的顏色。

驅動電路（圖A）等同於將基本的電晶體放大器重疊3次。從Arduino發出的一個5V的低電流PWM訊號會透過1K的電阻傳到電晶體的基極（B）。這個訊號會轉換電晶體的型態，讓它能夠傳遞更高的電流量，像是讓12V穿過集極（C）和射極（E），最後來到LED（圖B）。電晶體轉換的速度足夠讓LED的脈衝寬度調變就像輸入的訊號一般精準，能夠確實傳遞預設的色彩亮度。

完成的電路看起來應該會像下頁的圖C。電路會經由右方的4針接頭輸出，準備接上RGB LED條了。

2.弄條連接線來（非必要）

許多Android系統手機和面板都有USB On-The-Go（OTG）裝置，意思等同於可使用USB主機模式（提供電源）或從屬（接收電源）模式。

要讓手機能夠像Arduino一樣採取USB主機模式，你會需要一條USB OTG連接線。利用舊USB連接線自己改造可能要花一些錢，但樂趣無窮。請參照這裡的步驟進行：makezine.com/projects/usb-otg-cable。

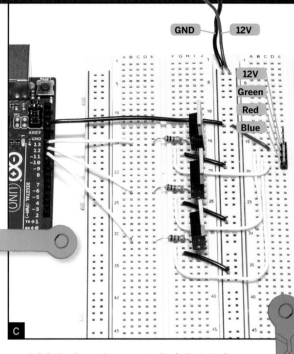

GND　12V

12V
Green
Red
Blue

C

3. 安裝 Android 應用程式

只要在 Android 應用程式裡加上幾行程式碼，你便可以經由 USB OTG 連接線傳送任何資料到 Arduino。如此一來，你就能傳送 0 到 255 的亮度值到紅綠藍三色 LED。

這個關鍵想法出自於麥克‧威克里（Mike Wakerly），他寫了一個叫做「usb-serial-for-Android」的 USB 轉序列埠晶片的驅動程式，可以用在 Arduino 上。使用手機向 Arduino 傳送資料就像從 Android 程式裡叫出 device.write() 一樣簡單！

其中一個很棒的例子便是凱蒂‧達克塔（Katie Dektar）的「色彩命名者（Color Namer，github.com/kaytdek/ColorNamer）」開放原始碼應用程式。

我將它簡化為另一個版本，稱作「Arduino 色彩（Arduino Color）」（圖 D）。你可以在 trevorshp.com/creations/ArduinoColor.apk 上下載這個應用程式與安裝程式到 Android 裝置（你也可以在這裡找到完整的原始碼：github.com/trevorshannon/ArduinoColor）。

4. 編寫你自己的 app 程式（非必要）

如果你正在研發自己的應用程式，那就從 code.google.com/p/usb-serial-for-android 下載威克里的驅動程式，複製其中的 JAR 文件到你的 [your_app_root]/libs 目錄吧。這是一個預先編譯好的目錄，能夠讓你用 Android 應用程式的序列裝置進行必要的開啟、關閉、編輯與讀取等功能。接下來，複製 device_filter.xml 這個檔案，加入 [your_app_root]/res/xml 目錄中。這個檔案會為與手機連接的 USB 裝置提供查找表。當你連接與 Arduino 做連接時，它的裝置 ID（USB 轉序列晶片的製造商已經設定好了）也會被傳送至手機。若這個 ID 出現在你應用程式的 device_filter.xml 檔案裡，你的應用程式便會自動開啟（這個 Arduino 的 ID 已存於威克里的 device_filter.xml 檔案中，你應該不需要做任何修改。）

最後，請讓你的應用程式自動優先尋找 USB 裝置。打開你應用程式當中的 AndroidManifest.xml 檔案，在 <activity> 標記內加上正確的 <intent-filter> 檔案資訊：

```
<intent-filter>
<action android:name= "android.hardware.
usb.action.USB_DEVICE_ATTACHED" />
 <action android:name= "android.intent.
action.MAIN" />
```

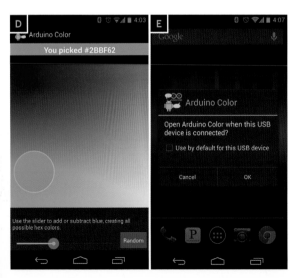

```
<category android:name= "android.intent.
category.LAUNCHER"  />
</intent-filter>
<meta-data
android:name= "android.hardware.usb.
action.USB_DEVICE_ATTACHED"
 android:resource= "@xml/device_filter"
/>
```

要將威克里的目錄整合起來也會需要一些編碼，好讓序列裝置在應用程式啟動時打開；或是在程式停止時關閉。接著你可以利用write()功能，將資料傳送到已被打開的序列裝置。例如，Arduino色彩應用程式會在使用者觸碰選色區時，將顏色資料經由序列傳送出去。你可以在這裡找到Arduino色彩的程式碼：makezine.com/36。

5. 上傳 Arduino 韌體

本專題所會用到的韌體相當簡單，從makezine.com/36網站下載android_leds.ino這個檔案，在Arduino IDE裡開啟，再將之上傳到你的Arduino上。

這份程式碼會用到Serial函式庫，它不但提供了Arduino IDE，也讓經由序列傳送至微控制器的資料更容易閱讀。這份程式碼會在查詢序列埠的可用位元組數時不斷循環。當出現至少三個可用位元時，它們將會被讀取，並被分為紅綠藍三色亮度等級儲存成陣列。這些亮度等級會被用來協助設定PWM輸出。

要注意的是，有些叫做max_red，max_green，和max_blue的常數。理論上，若你將紅綠藍三色LED的亮度開到最大，最後會變成白色。實際上，你的燈條可能會有輕微的色偏（通常是藍色或綠色）。你可以調整由map函數的最大常數來進行補償。

6. 將所有東西連接起來

將Arduino和手機連接起來時，你會看見一則通知彈出，詢問你是否要開啟Arduino色彩應用程式（圖E）。當然囉！

將LED條與驅動電路連接起來，接著開啟12V電源。現在你應該可以運用本程式來即時調整燈條的色彩了（圖F）。將這條燈條貼在咖啡桌下（p80），讓它成為夜晚派對的亮點，或是將它貼在腳踏車上吧！

探索更多可能

現在你知道如何使用Android系統與Arduino進行訊息傳遞了，我們可以讓這個專題有更多發展可能。

» 加入無線網路：在Arduino上架設藍牙或是無線網路模組，去除網路線吧。
» 根據手機的姿態感測器來改變燈泡顏色。
» 讓Arduino連接上手機裡的GPS系統或是超炫的感測器，變成一個定位資料紀錄器。
» 拿出一條可獨立定址的LED條，並且調整它的程式碼，在你的燈光秀裡加入更多變化吧。◪

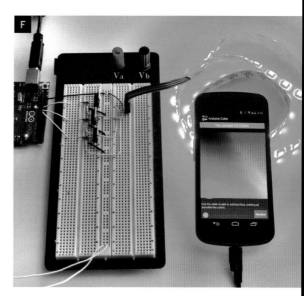

崔佛・沙農（Trevor Shannon）（trevorshp.com）喜歡做各種有趣實驗，學習製作新奇玩意兒。如果他運氣不錯的話，做出來的東西還真的可以用呢！

MakerBar Taipei

FabLab Dynamic

Fablab Tainan

臺南數位文創園區
Tainan Digital Creative Park
FABLAB Tainan

肨坲也
Pun PLACE

Where to Find the Mackerspace in Taiwan
臺灣自造者空間大揭祕

　　隨著自造者運動的興起，自造者空間不再只有國外才有。臺灣從2013年開始，有許多個空間都紛紛成立，雖然分布的範圍目前多集中於北部，但以兩年內成立5家以上的速度來看，不只是北部，各個地方應該在不久之後就會開始出現了。

　　本次特別集結介紹了臺灣在2013年成立的自造者空間，每個空間都有各自的特色與目標，你不只可以知道在哪個空間你能發展所長，也可以知道這些空間的創辦背後的故事。說不定之後，你就是下一個創辦自造者空間的人！

OpenLab.
Taipei

FabLab
Taipei

Taipei
HackerSpace

101011

Taipei
Hackerspace

http:

詹坤泰

臺北市中正區汀州路三段230巷37弄8號
10:00-22:00
免費
www.openlabtaipei.org

OpenLab.
Taipei

文：鄭鴻旗

不要想，做就對了！

OpenLab. Taipei可以說是臺灣自造者空間最一開始的雛形，提供一個空間讓大家可以在這裡製作東西、一起討論、交流。許多自造者空間的創辦人在創辦空間前都曾經參與過OpenLab. Taipei的社群活動。一進到OpenLab. Taipei，首先映入眼簾的是堆滿各式工具與元件的工作檯，牆邊的櫃子上放著四處蒐集而來的工具。OpenLab. Taipei採取完全開放的參與方式，任何對於自造者空間或開放原始碼專題有興趣的人都可以來。

隨著臺灣開始成立愈來愈多自造者空間，位於寶藏巖的OpenLab. Taipei，空間大小開始比不上其他空間，也沒辦法將想要的大型硬體設備都購置進來。雖然如此，但仍難不倒這群自造者，他們不減手作的熱情，繼續在這個空間中不停的生產出許多有趣的專題，也持續不懈的將他們的熱情用最直接的方式——自己動手做就對了——傳達給別人。

OpenLab. Taipei是什麼？

OpenLab. Taipei的起源一切都要從2008年的夏天說起，那年自歐洲學成歸國的李駿、沈聖博與我以及幾位熱愛開放原始碼的朋友們在玩趣工作坊相遇，讓當時在討論開放式資源的我們想到——討論開放原始碼與創作的人並不是一個很明顯的群體，除此之外，固定的聚會處更是少之又少。當初心中一直有些疑問：「我們究竟要如何提供給我們和這些夥伴們一個共同聚會的地方呢？」「除了固定聚會的咖啡廳和簡餐店以外，還有什麼可以選擇

OpenLab. Taipei中放置工具的櫃子。

呢？」像這樣子的問題一直困擾著我們，但也使我們更堅信想成立空間的想法。

於是在2009年，成立了OpenLab. Taipei社群一年後，我們申請到寶藏巖國際藝術村的工作空間。起初我們是以討論FLOSS[*1]為主，逐漸透過活躍的社群網站聚集了來自四面八方的同好們。目前雖然一開始與我共同成立OpenLab. Taipei的夥伴們已經四散各處，但也吸引了許多高手。他們在這裡發揮所長，別人解決問題的同時，也不停的吸收許多知識，教學相長。

像我們口中的馬爸，他是我們製作計劃時遇到的困難在網路社群上求助的時候，非常熱烈地回應討論串的網友，並且給了我們許多相當有幫助的建議。後來我才發現原來這名網友是我們成員的爸爸。而他現在也成為我們OpenLab. Taipei的導師，目前在社群中所使用的電源供應器也是他們父子一起透過逆向工程的方式所修復的。此外，由於這些電源供應器已經找不到原先的內部電路圖，馬爸也用紙筆將電路圖畫下來。

除了馬爸以外，謝銘釽（綽號）也是OpenLab. Taipei的常駐成員，熱愛手作是他的代名詞，目前於公職單位擔任硬體技術員。他時常帶著他一身的功夫在OpenLab. Taipei中協助成員們解決專題中碰到的硬體整合問題。即便目前已經是孩子的爸，還是不減他熱愛手作的赤子之心。他曾在先前的108小怪獸專題中，在假日期間帶著他的小孩來到OpenLab. Taipei一起完成這項社群創作計劃。

就是想要動手做！

起初成立空間時，可以使用的工具並不多，許多工具都需要到一些特定店家或是與其他同好們商借。之後發現「惜物網」（www.shwoo.taipei.gov.tw）這個網站上有許多因使用年限已到而被學校淘汰的機器，只要用原本不到一半的價格就可以買回來用，不過有許多機器與工具還是要自己維修或重新調整。

OpenLab. Taipei成立至今，曾經製作過許多專

努力經營 OpenLab.
Taipei 的鄭鴻旗。

題，包含了行動工作坊腳踏車、108 小怪獸、LED 鋁罐燈，另外也會舉辦 CNC 切割機與 3D 印表機的討論聚會。

OpenLab. Taipei 的特色活動「周三來碗 Arduino」固定在周三晚上舉辦，只要成員想用 Arduino 來做些什麼，就可以將想法帶到這個活動中一起討論並腦力激盪出更多想法。這個活動一開始是因為其中有位成員常來參加我們舉辦的其他活動，我拿手的是 Arduino，所以我就將這個開放式硬體拿來當作活動主題，每個周三都會製作不同的專題。我個人的習慣是會將製作專題時的過程詳細地記錄下來，分享到社群網站上尋問其他夥伴們的想法。藉此也吸引到更多對此有興趣的同好。

因為當初成立 OpenLab. Taipei 這個空間的目的就是希望提供各方自造者們一個可以討論的空間，不是以營利為主軸，因此當你進到 OpenLab. Taipei 的時候，可能會覺得這裡像是一個討論區，大家都不會吝於提供各自的知識，讓每一位來到這裡的人都可以像海綿一樣吸收到滿滿的知識。而目前在空間中，所能提供的大型工具機有：鑽床、線鋸機、鋸床，而像是雷射切割機這類的工具機則是向其他空間商借。

找到更多可以一起玩的夥伴

OpenLab. Taipei 的重點是希望每一位對於開放原始碼有興趣的夥伴們，不管你從事什麼工作，你們可以在工作或唸書之餘都維持著一種興趣，這種興趣也是一種生活態度，當然這不只侷限於自造者這個身分，但是對我身為自造者來說，這個身分帶給我許多樂趣還有學習的機會。

我們今年將目標放在運用 3D 列印、雷射切割與 CNC 切割來製作出自造者空間中大部分所需的工具，如果各位對於這個專題感興趣，也歡迎你們來到 OpenLab. Taipei。 ◪

註1：FLOSS 為「Free、Libre、Open Source Software」的縮寫，它是一個具有包容性的術語，可概括自由軟體與開放原始碼此兩者的特性，且沒有特別偏向任何那一邊，為目前數位藝術自由化新階段的代名詞。

鄭鴻旗，國立臺灣藝術大學美術系科技藝術組碩士班畢業。Openlab.Taipei 共同創辦人兼社群成員，熱愛使用 FLOSS 進行創作，熟悉 Arduino 這類的開放式硬體，曾製作過許多互動藝術裝置。

由現代生活中常見的監視器改造而成的機械生物作品〈108〉。

臺北市太原路133巷26號4樓
9:00-23:00
免費
www.facebook.com/TaipeiHackerspace

Taipei
HackerSpace

文：CAVEDU教育團隊

巷弄間的駭客異想

Taipei HackerSpace 是位於臺北市太原路巷弄間的一個公共創作空間，由兩位外國人發起。除了提供自造者常用的 3D 印表機、雷射切割機外，還有有趣的「救贖箱」，讓大家享受翻箱倒櫃找零件的趣味。

Taipei HackerSpace
創辦人 Gergely Imreh．
（左一）

如果沒有就自己創一個

在 2012 年 11 月左右的一場非正式聚會中，Google 公司的員工 Tom Haynes 和本身就有在推廣 HackerSpace 這個概念的 Gergely Imreh 在找人一起成立駭客空間（hackerspace，一個提供共同興趣的同好開放交流的空間）。他們在 Google 臺灣總部（臺北 101 大樓）舉辦了第一次的駭客空間發起聚會。那個時候還招募了一些草創成員，之後便開始尋找適合的空間。

共同創辦的成員曲新天說：「我喜歡動手做東西，在大學，所有的東西包含實驗紀錄簿在做完實驗後都要留在實驗室，我覺得很失落，像是離開實驗室就什麼都沒辦法做了。所以當我看到《Make》雜誌上有提到駭客空間這樣的地方，就很想加入。那時共創空間在臺灣還沒有流行起來，我在當兵的時候一直想這件事，拿雜誌給別人看，希望有天我可以自己創一個駭客空間。」

Taipei HackerSpace 成立的最初想法很簡單，就是希望有一個地方可以供大家一起探索知識。Taipei HackerSpace 不會去限定每個人想做什麼，每個人來的目的可能都不一樣，有人想多了解一些電路方面的東西、有些人想要透過知識獲取一些樂趣、有些人則是為了未來的工作做準備。Taipei

HackerSpace 的成員都非常樂意分享，空間裡的書籍以及工具大部分都是 Tom 還有其他人無條件提供給大家使用的；當你有什麼問題時，大家也都很樂意協助你。

Taipei HackerSpace 是提供你在想要動手做時一個空間、同伴、設備等多項資源的環境，別人的意見跟想法可以激發你的創造力。當然你也可以自己在家動手做，但是在家你可能沒有齊全的工具和其他人的知識背景。

遊樂箱與救贖箱

目前流連於 Taipei HackerSpace 的自造者們多半具備有程式設計背景，但對硬體的部分就相對較不熟悉，因此，Taipei HackerSpace 有的是一些起步用的東西，不像其他空間有一些專業機具。目前的設備有電源供應器、熱風槍、焊接相關器具、Arduino 開發板，不過仍缺一些訊號產生器、示波器等。最特別的是在 Taipei HackerSpace 有兩個箱子：遊樂箱（Playbox）與救贖箱（Salvagebox）。遊樂箱裡的東西可以玩但是不能拆，因為可能是別人進行中的作品；救贖箱中的東西則希望大家多多重新利用。曲新天說：「我之前做了一個臉書按讚電路，隔天就有人幫我改造數字的部分。東西在我們這邊是開放的而且會『演化』的。有些人就是調皮，會惡作劇！像是把原本的 USB 風扇改成警鈴，把使用者搞得一頭霧水。不過這樣還蠻好玩的，鼓勵大家從實務面去探索，跟一般的學校教育不一樣。」

這個空間的同伴有一個共同的特質，就是對於事物背後的運作原理感到好奇。透過一些小小的改造，可以激發一些新東西產生；在這樣的空間裡你也會學到「合作」的概念，東西你可以自己完成，也可以大家一起完成。曲新天拿他做的臉書按讚電

左上：臉書按讚顯示器。
左下：Taipei HackerSpace 創辦人 Tom Haynes。
右上：用回收舊掃描機做成切割器。

路為例，他本身是生物科技背景，而他想做的東西與他所學無關，在 Taipei HackerSpace 有人可以教他如何將網路資料擷取至路由器、如何做數字顯示板等。

帶起手動風潮

那大家一定會好奇的，Taipei HackerSpace 不像 FabCafe（可參考《Make》國際中文版 vol.11 p29）是有營收的，設備與空間都提供大家免費使用，那「錢」這個現實的問題是怎麼解決的呢？目前 Taipei HackerSpace 在計劃以月為單位收會費，不過負責經營與管理的 Tom 說：「我們不需要你的錢，我們需要的是你的想法與創意。」收費的目的不在於營利，而是出自「當一個地方可以提供你需要的資源的時候，你不會希望它消失」的概念，收會費變成是一種維持駭客空間的特權，但不是義務。

Taipei HackerSpace 的創立者與管理者的理念也很開放，他們並不認為 Taipei HackerSpace 可以獨占「駭客空間」這個屬於大家的空間名稱，如果有人也想要成立駭客空間，趕快成立！曲新天以過來人的經驗建議，先從經營客群開始，要先有人，人出現了才會有空間上的需求，不要先租空間

再招人。「當初 Gergely 是先在網路上定期舉辦聚會，等到人員開始穩定後，才慢慢發展成現在這個討論空間。」

Taipei HackerSpace 希望未來能舉辦座談會或是工作坊，不過比起座談會，Taipei HackerSpace 比較想要舉辦的是能實際動手做的活動。雖然安排講座是最安全的作法，但是這種學習效果不太容易激起別人的好奇心；工作坊的好處是活動結束後你就有東西可以帶回家，跟朋友或家人分享、討論，說不定又會有新點子產生。就算你做的東西不是原創，但是經過模仿與實際製作的過程中，能夠得到理解、延伸出新想法的體驗。類似 HackerSpace 的地方愈來愈多，就會形成一種願意嘗試去理解、去延伸的「文化」。

這個空間的發展不是重點，重點是「動手做的文化」影響了多少人。Taipei HackerSpace 希望可以成為一起推動這個文化的成員之一，幫助有想法的人完成計劃。◪

CAVEDU 教育團隊，國內知名機器人與科學 DIY 教學團隊，致力於推動相關課程與研習活動，期待帶給大家更豐富與多元的學習內容。http://www.cavedu.com/

FabLab Taipei

動手、學習、分享，自造者的天堂

文：曾吉弘

小型線鋸機。

　　FabLab Taipei是個推廣使用數位製造工具的開放空間，鼓勵實作與知識共享的實體社群，讓大家都可以成為一個「自造者」。創辦人洪堯泰曾經旅居美國十年，回到臺灣來創立了臺灣第一家FabLab。他是個夢想家也是個實踐者，希望散播實作、分享、學習的FabLab精神讓臺灣以及這個世界變得更美好。

曾吉弘（曾）：你當初為什麼會成立FabLab Taipei呢？

洪堯泰（洪）：在成立FabLab Taipei之前，臺灣並沒有任何類似FabLab這種引入大規模完整加工設備的空間。當時，我想要一個做東西的空間，但是在臺北很困難，因為大家的居住空間都很不大。之前我在國外時有聽說FabLab這個概念，但是那時

左圖：創辦人洪堯泰。
右圖：在FabLab Taipei舉辦過多次的3D印表機讀書會，總是能夠吸引眾多的同好一同參與，深入淺出的技術分享更讓大家都滿載而歸。

候並沒有特別在意，回到臺灣才後認真開始思考這件事。世界上許多國家都已經有FabLab而且運作多年。我很認同FabLab的理念，所以就自己跳下來做了。

FabLab是一個想做東西的人都可以來的地方。當初我成立FabLab Taipei時，對「FabLab」的理解跟現在其實不完全一樣。一開始我覺得FabLab只要盡量去滿足機具的規定、去國外申請認證、有免費的開放時段、讓很多人來這裡就好了。但慢慢了解、深入之後發現，其實FabLab的概念不是光只有這樣，更強調人、社群、知識分享、國際合作。所以我也期許FabLab Taipei能夠成為臺北市市內的自造者天堂，自造者可以來這裡用他要的機具、認識到很多有趣的人，而我們提供資源幫助他們將創意成形。

曾：現在FabLab Taipei裡有哪些機具？
洪：我們有雷射切割機、切紙機、可以做精密雕刻電路板的CNC。FabLab國際共通的規定應該還有能夠製造傢俱等級的木工CNC，不過我們目前沒有。因為臺北市大部分人的交通工具是捷運、摩托車或小型轎車。要運送大型木原物料也是有點困難的。所以我們採用折衷的辦法，我們有中型、可以做到如汽車輪框大小尺寸的CNC。日本也有類似的問題，八家FabLab之中只有兩家有做木工等級的。

而除了這些機具，還有多點視訊會議系統（MCU）。FabLab有三個精神「動手做（Make）」、「學習（Learn）」、「分享與交流（Share）」。而MCU是個交流的工具，讓我們可以直接跟國外的其他FabLab直接面對面討論最近有沒有什麼計劃或創意。FabLab購置的所有機具都是基於以上三個理念，希望每個創作都能夠不受國界限制地自由流通，今天在FabLab Taipei做的專題，藉由網路的資訊及知識分享，其他國家的FabLab也能夠馬上複製出一樣的作品，然後可以

在FabLab Taipei裡大小CNC銑床機都有！

再原有的設計架構下持續發展改進。FabLab還強調分享，著重於做的過程中要留下完整的紀錄，整個製作程序最好要完整清楚到讓原本不會的人也能

上圖：雷射切割機。下圖：圓鋸機。

一步一步地照著做。日後當有人需要製作類似的物品時，就可以從網路上去搜尋到作法，如果能持續累積這個資料庫的內容，這整個資料庫將來會是非常有價值的。

曾：FabLab Taipei 有常駐人員嗎？平常有舉辦活動嗎？

洪：FabLab Taipei是這樣運作的：我們有一群核心的群組（目前是28個人），這些人擁有比一般使用者更多的權力及義務。每個晚上都會有一位值日生留守，負責教大家使用機具並注意安全，他們都有大門的鑰匙。這就像是一個回饋型的社群，對這個社群的貢獻度愈高，能夠使用的資源就愈多。目前我們並沒有全職的員工，大家都是純粹發自內心地主動幫忙、參與。

我們辦過蠻多活動，，包括各式工作坊、分享會；另外也有機具相關的課程，會有人帶領大家針對某個機具或程式語言進行教學。

曾：現在收費的標準是什麼？

洪：因為我們的目的推廣數位製造機具的使用，所以我們的會員費也相當親民。一次性的入會費是1680元，年費1000元；學生是入會費500元，年費500元。

用雷射切割製作的傳統掌中戲彩樓模型。由FabLab Taipei的社群成員陳伯健利用數位製造的方式將傳統的藝術轉化為易於複製，成本便宜，又便於攜帶的設計，更有助於傳統藝術的推廣教育。

自製喇叭音箱。FabLab Taipei成員Leon的作品，經過幾次改造過後，現在這組喇叭重低音的音樂也表現的很好。

曾：從免費到收費的原因為何？

洪：我們希望建立的是一個自造者的社群，而不是單純滿足單次加工的需求，所以我們採用收費的會員制來維持這個空間的營運，一方面也是希望能彌補機具的耗材與折舊。

曾：請跟我們分享一些FabLab Taipei成員的創意。

洪：我們做過一個Facebook 按讚顯示器，是使用Arduino連上網路去抓FabLab Taipei臉書粉絲團的按讚數，原本的電路是裸露的，後來加入了雷射切割的外殼讓它看起來更專業。

另外，宏映科技藝術有限公司的辛炳宏先生也是FabLab Taipei重要成員之一，他在FabLab Taipei完成的離心翻模機是3D列印機的絕配，可以把3D列印成品快速翻模，也可做出空心效果。

曾：聽說你也成立了自造者協會，為什麼要成立呢？跟FabLab Taipei有關係嗎？

洪：「社團法人臺灣自造者協會」成立於2014年4月12日。在臺灣的話，要成立一個合法的非營利組織，有正式登記社團法人的協會比較能符合政府規範。另一方面也要讓大家看到我們永續經營的決心。

曾：FabLab Taipei 之後的規劃？

洪：我希望兩年內FabLab Taipei可以自給自足。能夠幫助更多想要成為Maker的人實現自己的夢想。另外我想要把FabLab Taipei當作是一個據點，引入Fab Academy（每年1月到6月之間所舉行的為期五個月的課程，由MIT Center of Bits and Atoms直接遠距授課，內容涵蓋所有FabLab所用的到的設計自造技術知識，每週都會有個單元，在一周內必須學習，製作，分享到網路上才算完成該週的作業，完成課程所有要求者及畢業製作才能畢業）這樣紮實的課程。然後也要加強跟國外的合作，這樣才是FabLab比較完整的運作型態。

另一方面我們也希望大規模地進行FabLab相關資源的中文化，不論是FabAcedemy或是其他相關知識，讓更多人能夠進入數位自造的世界。　◼

曾吉弘，CAVEDU教育團隊技術總監，對於Android、機器人與各種合金玩具有狂熱。著、譯有多本Android、Arduino、Raspberry Pi與機器人相關書籍，為一群活潑近乎躁動的機器人玩家頭目。www.cavedu.com

臺北市士林區福華路180號2樓
週四、六13:00-21:00（或另行預約）
設備皆免費使用，但需自備或另付耗材費
www.fablabtaiwan.org.tw

FabLab Dynamic

文：曾吉弘

數位藝術與社會設計的碰撞火花，想像的實踐地

FabLab Dynamic 由數位藝術家李柏廷創辦，為2013年與臺北數位藝術中心合作創立的自製實驗室。FabLab Dynamic 以社會設計（Social Design）為發展核心方向，希望透過數位製造技術，針對社會需求而提出改善、改造的創新專案，發展「國際化」架構中的「在地化」特色，達到和國際接軌、創新研發製造等目標。

FabLab Dynamic
創辦人李柏廷。

曾吉弘（曾）：當初為什麼會想成立FabLab Dynamic 呢？

李柏廷（李）：我在2012年獲得國立臺灣美術館所舉辦之「數位藝術人才出國駐村」的機會，至荷蘭鹿特丹的動態媒體藝術研究中心V2（V2 Organization: Institute for the Unstable Media）進行為期兩個月的駐村，這個經歷對我有相當深刻的影響。當時還有好幾位同樣在V2駐村的其他國家藝術家們，大家剛見面時都會聊到Fablab，而且大家到達駐村單位之後的第一個問題都是「請問最近的FabLab在哪裡？」我也同樣被問到：「請問你自己居住地最近的FabLab在哪裡？」那個時候我根本不知道什麼是FabLab，我覺得很奇怪，這個叫「FabLab」的東西為什麼這麼重要。後來才瞭解，FabLab代表的是一種國際通用、擁有數位製造設備的空間。荷蘭的面積才比臺灣大了五分之一，可是就有二十幾個FabLab！我在荷蘭看到FabLab在地化的情況，包含他們的發明、社群，還有他們正在進行的一些研究，這些研究很多都相當有在地特色，非常地酷。荷蘭則是目前FabLab分布密度相當高的國家，駐村的兩個月，讓我觀察到這樣的組織對荷蘭當地文化、經濟、教育的各種變革與影響，且逐漸成為該國社會上不可或缺的角色，這件事讓我有非常深刻的震撼。

　　那個時候臺灣還沒有任何一家FabLab。回來臺灣之後，我在我的個展「具體而微」上與臺北數位藝術中心DAC執行長黃文浩先生表示創辦FabLab的想法，並開始跟他講述這個概念。很幸運地獲得執行長的支持一起來推動這個概念，因此就有了現在位於DAC的場地，還有大部分的器材。這就是FabLab Dynamic的成立過程。

曾：FabLab Dynamic 的精神跟特色是什麼？

李：來FabLab Dynamic的人多半有設計或藝術背景，有別於其他FabLab或是共創空間，我們的主要方向是社會設計（social design）。所謂社會設計是針對某項社會議題，「設計」不但可以改善社會，也能實際解決各種生活需求上的問題。藉由集體的力量，包含知識分享與互動行動讓「設計」與「社會」二者得以合一，發想出促進社會進步的完整方案。

　　由於我研究所時期就讀的系是國立臺北藝術大學科技藝術研究所（現改名為新媒體藝術研究所），同學來自不同大學與科系，有資工、媒體、生物或社會學等，各種學科都有。在那個研究所裡可以做跨領域的藝術表演或是做很多不同的嘗試。畢業之後，認為不應該只有跨領域的藝術，而是嘗試跨領域的各種可能性甚至延伸出新的領域。所以我希望FabLab Dynamic是個可以進行「跨領域整合」，並且推廣「你也可以這樣子做」的觀念，然後慢慢

改善這個社會中的一些觀念的地方。我認為這就是 FabLab Dynamic 的精神。

曾：如何推廣呢？

李：目前是舉辦工作坊以及繼續發展社會設計為主。我們的工作坊幾乎都是免費的，會從基礎的機器設備操作或是 SketchUp 等入門的 3D 建模軟體來教學。我們所舉辦的工作坊可分成兩種：針對無任何基礎的數位製造簡單工作坊，例如 3D 列印與雷射切割體驗等等；另外則是主題式工作坊，融合社會設計，讓設計概念在活動結束後可以延續到參與者日常生活、朋友圈之中來發揮實際影響力。

曾：除了舉辦工作坊，你們還有其他的推廣計劃嗎？

李：我們還想將數位製造技術帶到一個資訊或程式教學相較之下沒那麼普及的地方。之前在 FabLab Dynamic 有一位來自臺東大學的實習生，他來之前考慮很久，最後還是決定來這裡學習這裡的內容與技術，因為他說他之後想回臺東做這樣的事情。我們有聊到或許可以是一臺行動 Fablab 車子，也有相關計劃在洽談中，還在規劃階段，我們會希望能直接跟學校接觸，先做跟一些教育單位比較相關的合作，之後再到各地的文化中心，藉由車子的移動特性，做比較深度的推廣。我們也在思考要舉辦相關競賽，但目前還在討論規劃階段。

曾：FabLab Dynamic 現在有哪些機具設備？

李：FabLab Dynamic 目前有的設備為：3D 印表機、電腦割字機、DLP 投影 3D 印表機、CNC 電腦銑床、雷射切割機。此外，目前 FabLab Dynamic 常駐的人員有五位，以及八位實習生。

曾：使用這些機具要付費嗎？

李：使用空間中的設備都是免費的，但 3D 列印與雷射切割的耗材費則是視使用者實際用量來收費。對於推廣來說，費用是很重要的一點。Fablab Dynamic 動態自造實驗室是跟 DAC 臺北數位藝術中心的一個合作計劃，我們以合作的方式來執行許多專案，營運所牽涉到的相關經費則是採共同分攤。基於推廣，未來也希望可以盡量讓使用者以較低廉的費用使用這些數位製造器材，而這些費用則繼續應用到讓組織能繼續營運、維修器材等等，產生一個好的互利共生循環，我們也希望這樣的作法，能讓更多的好想法在這實現，有很多好作品在這裡產出，並與世界分享。

曾：實習生怎麼招募的呢？要如何才能成為實習生？

李：實習生不限科系也沒有特別的限制，有興趣的都可以成為實習生。目前的實習生有八位，背景各不相同。有來自商業設計、新媒體藝術，還有一位將在西班牙念建築，也有來自臺大電機與經濟的在校同學。

在跟實習生互動的過程中，我發現到很有趣、也是臺灣教育應該要注意的一點是，我都會問來我們這裡實習生：「學校有沒有這臺機具？」或是「你為什麼會想會來這裡？」我原本以為學生是為了「想要學東西」或是「為了想在碰到問題時可以找到人詢問」才來的。但是實際上，他們幾乎都是為了機器而來，我以為各大設計科都有一定的經費來購置設備，但結果是很多學校的機器都故障，或是學生本身不能直接操作設備。他們在學校沒辦法體驗自己親身操作的過程，所以才來這裡學操作的過程。

曾：你曾去過荷蘭駐村以及參加世界 FabLab 論壇，你覺得臺灣在自造者運動的潛力或是目前狀況怎麼樣？

具有設計感的雷切作品

上圖：Fablab Dynamic的Fab x Eco「生態守護」計劃作品狗輪椅。運用開放原始碼及設計出衍生式程式，讓主人或寵物業者可以簡單地輸入的身高、體重等資料，就能以數位製造方式製作出客製化的狗輪椅。

Fablab Dynamic的Fab x Eco「生態守護」計劃，製作寄居蟹的家。

李：在自造者運動的Maker有幾個需要具備的特點，要有好奇心、搜尋能力、執行力、面對挫折的能力，我覺得臺灣在這方面的能量已經累積到一個程度，這兩年出現了一些引爆點，可能時機點比較成熟了，除了最早的寶藏巖OpenLab Taipei以外，也有好多空間都在去年跟今年成立，簡直就是一下子突然蹦出來一樣。FabLab似乎已在臺灣慢慢延伸，除了FabLab Tainan之外，其他的城市如臺中、新竹、屏東都有機會冒出新的FabLab，讓臺北以外的Maker有更多的選擇空間。

而政府的態度部分，以巴塞隆納來當例子，西班牙經濟在歐洲並不是很好，但是巴塞隆納市長今年把非常可觀的資金都投注在FabLab上面，計劃在一年內開好幾家。還有日本，我們去世界FabLab論壇的時候也是由他們經濟部的官員與我們討論，他們相信FabLab會影響之後的經濟。我想我們的政府單位已經意識到這點並已著手研究策劃相關的發展。

教育方面，我覺得學校的教育某種程度有著因噎廢食的問題，例如校方害怕學生在操作機具時受傷因此避免學生去使用這些設備。我也會擔心來Fablab Dynamic的使用者在操作機具的過程中會受傷，但是在良好的安全措施與人員監督之下，這些問題應該是可以避免的。

曾：請說說看對於Fablab Dynamic三五年後的期許。
李：如果要比場地，國外的場地都很大，像北京的HackerSpace有一千三百坪，怎麼拚得過？雖然作Fablab Dynamic的過程，有蠻多的心力投注在空間經營上，但空間對於我們來說只是某種平臺的概念，讓大家能夠有個實體的聚點，我們Fablab Dynamic的重點是能不能激勵人們真的動手做點事情。我希望這樣子的團隊能夠做更多對社會有幫助的事情，也希望能夠延續之前我所提到「社會設計」的脈絡，吸引更多志同道合的朋友加入我們。

曾吉弘，CAVEDU教育團隊技術總監，對於Android、機器人與各種合金玩具有狂熱。著、譯有多本Android、Arduino、Raspberry Pi與機器人相關書籍，為一群活潑近乎躁動的機器人玩家頭目。官方網站：www.cavedu.com

臺北市金山南路一段9號5樓
10:00-22:00
使用設備需付費或加入會員
makerbartaipei.com

MAKERBAR
TAIPEI

MakerBar Taipei

文：黃雅信

整合人才、材料、網路資源，打造自造者未來！

MakerBar Taipei 共創辦人闞凱宇。

MakerBar Taipei是一個以社群為核心，結合自造者空間與共同工作空間，推廣動手做精神的國際創新交流平臺。位於臺北市中心精華地段的MakerBar，具有得天獨厚的地理位置，周圍應有盡有的電子零件材料銷售大廠電子光華商城、舉辦精采展覽與吸引人潮的華山文創園區，以及培育科技與設計人才知名的臺北科技大學，甚至離臺北車站附近非常受歡迎的材料街太原路也不遠。

如此可遇不可求的地段優勢，讓MakerBar在人才、材料、地點上占有極大的優勢。再加上三位空間創辦人闞凱宇（Kamm）、許毓仁（Jason）與沈芳如（Monica）背後強大的國際網絡以及豐富的產業資源，使得MakerBar於2013年年終一開幕就迅速爆紅，不僅吸引自造者登門拜訪，也贏得國內外媒體的注目。

MakerBar在起初創辦時，肯定自造者存在價值的TEDxTaipei創辦人Jason在引進國外自造者的運動上不遺餘力，開始對於TEDxTaipei樓上一整層仍然閒置的空間有了一些新的想法。與友人侯君昊交通大學助理教授談論空間營運的想法時，侯老師第一時間想到交大建築所剛畢業的校友闞凱宇，隨即引薦兩人認識。誰也沒想到，當年令教授頭疼的學生，搖身一變成國際媒體新寵兒。

燃燒吧，自造者魂！

為了讓自造者們能無後顧之憂的做東西，MakerBar空間設有許多工具讓會員們使用，包括3D印表機、雷射切割機，以及未來將進場的CNC切割機等機具，並且也有專業的設計師輔助會員3D建模。MakerBar Taipei實施會員制度，成為會員可於營業時間使用MakerBar的空間及機器。一般人每月1,500元、學生750元，另外還有單日體驗券300元，耗材費另計。最受大家喜愛的是，辦不完的DIY工作坊，玩不完的手作新體驗，讓自造者能夠自由的回應內心實作的渴望。自開幕後一連串精采的經驗分享會、動手做教學以及工作坊馬不停蹄地開展，包括與CAVEDU教育團隊合作舉辦過許多非常受大朋友和小朋友歡迎的DIY工作坊、Arduino開放硬體教學活動，乃至於令人驚叫聲連連的機器人大對決等。MakerBar Taipei以建立自造者活躍的社群為目標，積極舉辦動手做經驗交流、共同創作作品等活動。

MakerBar Taipei的Mobile Fab計劃是一臺長相奇特的腳踏車，上面有3D印表機、塑料攪碎機和抽絲機。Mobile Fab計劃是希望用這臺腳踏車，騎上街頭，跟大家分享、讓大家實際體驗用回收塑料來進行3D列印。不僅可以讓民眾了解3D印表機的運作方式，也能夠看到3D列印一系列的流

Mobile Fab計劃的移動式3D列印腳踏車。

上圖：大型裝置藝術作品「Parametric Vine仿生衍藝」，用5臺3D印表機列印出1200片樹枝狀單元體，再將其組裝起來。左圖：焊接工作坊。

程，藉由實作的體會，更能印象深刻。這項計劃也曾經受國內、國外媒體爭相報導。而另外一項作品「Parametric Vine仿生衍藝」是將3D列印、尼龍材料和粉紅色染料結合，列印出1,200片樹枝圖樣的單元體，然後組裝成的大型裝置藝術作品。

從自造者到創業家，MakerBar 將不可能化為可能

MakerBar Taipei致力於建立臺灣自造者生態圈，今年度朝向青年創業育成的未來目標。闞凱宇表示，臺灣自造者生態圈日趨成熟，每一個自造者空間都有自己的定位，每一個空間營運者也有自己的專長。「應該要讓每個自造者空間的經營主持人放在適合的位置，找到對的角色，盡情的去發揮，離成功推廣自造者運動的日子也不遠了。」闞凱宇談道，近期舉辦的深圳 Maker Faire 分享會活動就是一個很好的持續建造自造者生態圈的例子。

當問到空間營運的挑戰時，闞凱宇表示，目前觀察整個自造空間態勢，似乎是供過於求的狀態；自造者空間在臺灣如雨後春筍般冒出，超過使用者的需求，這部分仍然需要大家的努力。「我們期待能搭上國際自造新浪潮，鼓勵更多朋友用雙手實踐自我。」闞凱宇表示：「MakerBar Taipei提供的優質服務已成功贏得國際注目，對於發展自造者運動有高度興趣的紐西蘭和巴西等國家，都紛紛找上門來，希望採用MakerBar的品牌做行銷。」

MakerBar下一步將持續積極建立自造者生態圈，並且提供自造者更棒的服務。同時也將聚焦於更完美的整合產業與國際資源，全力支持臺灣青年創業的發展。從自造者到創業家，MakerBar營運團隊相信創造新價值需要用實作與社群的力量，與自造者們一同創造嶄新的未來。◢

黃雅信，畢業於國立東華大學英美語文學系。喜愛閱讀寫作、求知、接觸新鮮的人事物、分享生活的愉悅與感動。關注科技發展、數位藝術及社會企業創業等議題，以「記錄實踐夢想的故事」為畢生使命。現為中英文字工作者。

臺南市中西區南門路21號
週一至週五 09:30 -18:00
酌收場地清潔費
www.facebook.com/groups/fablabtainan

Fablab Tainan

文：馮瑞麒

老城市的創新力，融合在地文化的自造者空間。

　　或許沒有華麗的裝潢、強調科技感的設計，Fablab Tainan以一棟四層樓舊建築為據點，座落在古色古香的臺南街頭。看似平凡，但裡頭儼然是一個小型的自造者社會。臺灣當代文學作家葉石濤曾說：「臺南是一個適合人們作夢、幹活、戀愛、結婚、悠然過活的地方。」Fablab Tainan便是實踐這樣的精神，結合發想、實作、應用、推廣等功能於一身的自造者空間。

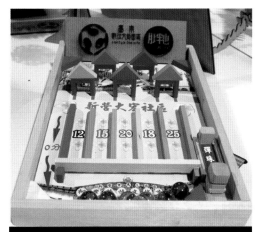

新營區大宏社區發展協會工藝創作達人許松和老師的作品。FabLab Tainan與新營區大宏社區發展協會社區合作，希望將更多傳統工藝與Maker精神結合。

多元發展的自造者空間

　　Fablab Tainan之所以成立，一開始是因為臺南市政府委任臺灣數位文化協會（ADCT）推動了「數位文創園區規劃建置計劃」，決定將「Fablab」這樣的空間導入這個計劃中，以求進一步落實數位文創產業與微型創業的精神。為此，我也前往日本、美國等地的Fablab進行觀摩，企盼打造出最適合臺南的自造者空間。終於，Fablab Tainan在2013年12月1日正式開幕，然後交由ADCT南部辦公室負責營運。

　　在某次我跟ADCT的執行長徐挺耀聊天的過程中，他說：「我們不能只著重於硬體思維，更重要的是『資訊素養。』好比說只是一窩蜂地採購最新穎的設備，卻不懂得如何運用那些設備來發展創意，就完全是錯誤的做法。」我認同他的說法，掌握技術與硬體並不等於掌握競爭力，擁有別人所無

法取代的價值才是關鍵！後來我們都成為了Fablab Tainan的共同創辦人，以Fablab Tainan為平臺，共同推動培養資訊素養與創意的目標。

以自造者培養自造者

Fablab Tainan裡有雷射切割機、CNC機具、3D印表機等設備。而因為隸屬於數位文創園區規劃建置計劃，所以我們一樓有能夠容納30人的多功能展示暨活動空間「胖地Punplace」，二樓開放給創業團隊及個人創業家進駐的共同工作空間，三樓則是一間供進駐者使用、可容納約20人的大型會議室（含投影設備、網路等設施）。臺灣數位文化協會常在這些空間舉辦講座、交流會，Fablab Tainan身處於這樣一個環境中，遂成為不單只是提供硬體空間與設備，也提供顧問輔導、交流活動等資源的優良場所。

在經營方面，曾經來訪的日本Fablab Kannai，在營運上是採用會員制，機具的部分只有加入會員的人才能自由使用。我也曾拜訪在北部的Fablab Taipei，發現成員大多是已具相關經驗的人。所以我根據臺南當地的狀況做了一些修正，由於臺南資訊步調較慢，關於自造者運動、動手DIY的概念目前在這裡並不普及，來訪者常是從未接觸過自造者運動、想來一探究竟的人士。經過一番討論，我們決定先不要預設使用門檻或是採用收取會費的會員制度，先以打造一個更為平易近人、讓有興趣的人能夠輕易接觸的空間為短期目標。

我們在每周四、五晚間開設了基礎3D列印課程與基礎雷射切割課程，讓參與者具備基礎的操作能力後，能跨過門檻，製作自己想要的物品。而除了基礎機具操作課程外，我跟其他的夥伴們也規劃邀請高超的自造者到Fablab Tainan開設一系列的「南方創客（South Maker）」課程，與大家分享自己的技術跟知識。課程涵蓋的內容預計包括自組3D印表機、Arduino、自動控制、嵌入式系統等較進階的主題。目前這個部分是由ADCT南部辦公室的專案經理吳銘哲負責打點相關事務，他也期望能把愈來愈多人帶進這個空間裡，並把「人人都能成為自造者」的概念分享出去。

傳統與創新的交流平臺

我們幾個共同創辦人也努力思考要如何創造Fablab Tainan做為地方性自造者空間的特色與優勢。臺南的資訊普及程度與北部有些落差，自造者

左上：與臺灣數位文化協會共同推動臺南數位文創園區計劃的王時思主委，在協助新創產業與推廣自造者運動上不遺餘力。左下：Fablab Tainan共同創辦人徐挺耀（左）與馮瑞麒（右）。右下：運用iPad製作3D圖檔的課程。

社群的密度也較低，但古老城市所累積下來的人文、歷史資產是別處無可比擬的優勢。在臺南有非常多的傳統產業，若能將Fablab Tainan做為交流平臺，把創新的力量與傳統產業接軌，一定能夠激盪出更多不同與以往的新火花，我想這是臺北或是其他地方沒有辦法擁有的優勢。

例如在Fablab Tainan裡有一位志工家中正好是開設電鍍工廠，我們便嘗試將3D列印出的作品拿去電鍍，打造出獨樹一格的作品；另外也開設「傳產百工創新」系列講座，邀請傳統產業的工作者來分享、與新世代進行跨界對談，期望透過新舊產業間的對話化解彼此間的緊張感，試著進一步找出開拓新局的方法。

政府只扮演「協助」的角色

Fablab Tainan還有一個與其他Fablab不同之處，就是公部門也扮演了很重要的角色。臺南市政府研究發展考核委員會的王時思主委，正是協助我們打造出Fablab Tainan的幕後重要推手之一。就像前面所提到的，其實一開始Fablab這樣的空間並不在臺南數位文創園區的規劃中，但在我及ADCT同仁的推薦下，她看了《Fablife》一書，發現這樣的空間能夠進一步解答創新的可行性，讓製作成為可能，才同意將Fablab Tainan納入數位文創園區計劃的一環。王主委本身對Fablab Tainan很有想法，她表示：「政府在計劃中扮演的角色絕不會超過二分之一。」這也就是說，政府不能用偏執的政策，或是高度到超過市場合理性的補助與獎勵來扶植某種產業，而是應該提供資金的挹注、空間取得等創業初期的協助。這點我們也有一致的共識。

Fablab Tainan的未來

未來，除了希望我們開設的一些進階課程能培養更多的在地自造者、育成更多的創業團隊之外，更盼望臺南數位文創園區進一步擴大，成為一個以「人」為本，而不是以空間或廠房為中心的場域，充實臺灣產業的品牌力、創新度、自我設計能力，使產業能掌握新能量，才不至於在時代的變遷中被淘汰。臺南擁有豐富的文化歷史資產，發展、推動文化創意產業的條件很好，臺南數位文創園區是一個很好的平臺，能夠讓有創意想法的青年創業家在此處落實創新。Fablab Tainan在其中扮演了將虛擬設計變成實際生產、整合軟硬體的角色。相信在妥善的規劃、完整的配套措施與各方協助下，我們能成為南部的創意基地，孕育無數創新人才、揭開臺灣產業的新局面。▨

馮瑞麒，Fablab Tainan共同創辦人，目前為臺灣數位文化協會副執行長。他致力於數位與生活之議題，除了共同創辦Fablab Tainan外，也主持協會如胖卡（Puncar. tw）或泛科學（Pansci.tw）等多項計劃。

SKILL BUILDER

MODERATE 自製印刷電路板

MAKE YOUR OWN D*MN BOARD

用EAGLE設計一個準Arduino板。

文：尚恩‧華萊士　譯：編輯部

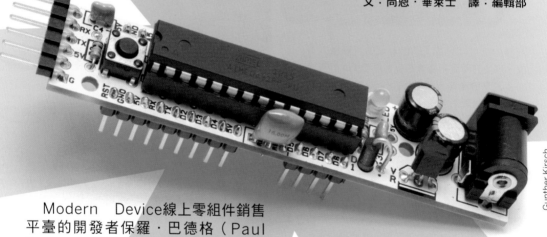

Gunther Kirsch

Modern　Device線上零組件銷售平臺的開發者保羅‧巴德格（Paul Badger）設計了「The Really Bare Bones Board（簡稱RBBB）」開發板和其電路原理圖（Schematic）。這對於一個實用的Arduino類開發板來說幾乎已經很足夠了，而且一旦你在EAGLE上畫好了電路原理圖，就可以很輕鬆的將它與其他設計合併。

使用EAGLE

EAGLE是一個集合多種程式的軟體套件，每一個功能都有對應的設計過程。這次我們將會把注意力放在「電路原理圖編輯器（Schematic Editor）」和「電路板編輯器（Board Editor）」上；其他的模組還包括自動布線器（Autorouter）、元件編輯器、CAM處理軟體（CAM Processor，用來建立機械加工用的檔案）和一個編寫用戶端程式語言（User Language Programs）的介面。

我們可以從元件庫中選取要用的元件，每一個元件都會有兩種圖示，分別給電路原理圖和電路板使用。由於大部分的元件都來自不同的元件資料庫（packages），而EAGLE的元件庫允許不同的封包連結相同的元件圖示。為了簡化過程，我們做好了一個包含這次設計所需元件的RBBB資料庫，等之後你熟悉了設計的過程，另一個SparkFun資料庫將會是一個很好的跳板來開拓你的視野。

EAGLE將CAD繪圖用顏色來區分不同功能的圖層。在「電路原理圖編輯」的視窗裡，元件圖示在「符號圖層（Symbols layer）」，它的標示會

小祕訣：

請時常檢查你的工具列來確認是否繪製在對的圖層上。

Myra Wippler

JeeLabs的尚‧克勞德‧威普樂（Jean-Claude Wippler） 以RBBB為基礎設計出JeeNode，JeeNode使用不同的排針並加裝了SPI無線端口以提供無線傳輸使用。

工具與材料

» 連接網路的Windows、Mac或Lunix系統的電腦
» CadSoft的EAGLE Light PCB設計軟體：從cadsoftusa.com免費下載。
» RBBB EAGLE元件資料庫：從moderndevice.com/rbbb-library下載。

要設計印刷電路板有很多工具可以選擇，像是開放原始碼軟體「KiCAD」或是各式各樣的網路線上服務。在開放原始碼硬體社群中最受到喜愛的軟體是CadSoft的「EAGLE」。在這篇文章裡，你將會學習到如何使用EAGLE這個軟體來做基本的印刷電路板設計和製作ATmega微控制板的基本核心。

在「名稱圖層（Names layer）」或「數值圖層（Values layer）」，而網絡連接（Net）則在「網路圖層（Net layer）」，你可以透過檢視（View Menu）來顯示或隱藏這些圖層。

設計印刷電路板需要通過很多不同的階段，這篇文章將教會你如何繪製電路原理圖並讓它能夠使用，這樣應該足以激起你的興趣。如果你準備好了，接下來的步驟都公布在makezine.com/36上。

RBBB的零件清單

» ATmega328P微控制器IC
» IC插座，28針腳（非必要）
» 電解電容，47μf（2）
» 陶瓷電容，0.1μf（2）
» 電阻，10k，⅛W
» 電阻，1k，⅛W
» 陶瓷電阻，16MHz
» 瞬時按鈕開關
» 低壓降線性穩壓器，L4931
» 4005二極體
» 電源插座
» 1×6排針

1.開始製作

首先請從Cadsoftusa.com網站下載EAGLE Light Edition，並在moderndevice.com/downloads下載RBBB元件資料庫，將封包放入EAGLE程式資料匣中的lbr資料匣裡。

1.1.打開電路原理圖編輯器，並選擇「檔案（File）」→「新增檔案（New）」→「電路原理圖（Schematic）」。你會得到一個警示訊息「目前不會執行任何自動正反向標注（no forward/backward annotation will be performed.）」，由於在一般的情況下你會同時開啟電路原理圖和電路板編輯器來讓它們同步化，所以這個訊息只是要告訴你還尚未打開電路板檔而已。

1.2.選擇「新增（Add）」工具，把RBBB元件資料庫裡的Frame元件置入構圖紙上，這並非必要，但這步驟很簡單，並可以讓你在之後繪製電路原理圖時不用一直調整螢幕的大小。

EAGLE設計的工作流程

I. 設計和尋找素材：找零件、詳讀規格、下載需要的東西和描繪藍圖。

II. 電路原理圖設計：用信號線連接各個元件。

III. 電路規則檢查（ERC）：使用人工智慧（AI helper）來檢驗電路上的錯誤。

IV. 電路板設計：將設計元件置入電路板，並設計真實的電路來連接它們。

V. 設計規則檢查（DRC）：使用人工智慧來檢驗設計上的錯誤。

VI. 建立Gerber檔和drill檔：使用CAM處理軟體來建立機械加工用的檔案。

1. 電源迴路

這5個元件負責接受直流電源輸入並輸出一個沒有雜訊的5V電源。

正中央的圖示是一個穩壓器，穩壓器最重要的規格是輸出電壓（output voltage）、最大輸出電流（maximum output current）和最小電壓差（dropout voltage，輸入和輸出電位的最小差值）。L4931穩壓器的最小電壓差僅僅0.4V，所以讓它從6V的輸入端（來自4顆3號電池）輸出5V是非常可靠的。它的供應電流可高至250mA，用來應付大部分的微控制器應用是非常足夠的。

使用兩個電解電容用來過濾電壓輸入端的雜訊，並在必要時替代沒電的電池和提供脈衝電壓。L4931建議使用至少2.2μF以上規格的濾波電容。我們這次的電路板是使用高達47μF的電容，這應該完全足以用來應付最糟糕的電池供應設備。

電源插座可能看起來很大，但這正是人機介面中一項重要的決定：它可以很輕易地提供給一般的變壓器使用，我們將會把它安裝在電路板上，讓你可以在不需要時拿掉它，並提供一個雙針腳的輔助接頭來當做選擇性的電源線。

幾乎所有的功率二極體都有短路的保護機制，我

註釋： 我們的圖示可能一開始看起來跟你螢幕上的有些不一樣，記得使用分離工具來分離標籤，然後移動它們到可輕易辨認的位置。

經驗法則

» 小圓點表示相交的兩條信號線是有連接的；沒有小圓點則表示它們只是重疊而已。

» 使用柵格（Grid）工具，並將它的尺寸設定在0.1inch（100 mil），因為最常犯的錯誤就是兩條看起來有相交但其實並沒有連線。

» 每一條線（網絡連接或是信號線）都有獨立的名稱，就算在畫面上它們並沒有相鄰，所有名稱相同的信號線都會自動連線在一起，這個功能非常方便。假如你有很多元件都需要用連接的方式來連線，那畫面肯定是一團亂。

» 每一個元件都應該要有一個顯而易見的名稱和量值，你可能需要移動標籤來讓它們清晰易辨；運用分離（Smash）工具讓標籤從元件上分離，並可以移動或旋轉到它們適當的位置。

» 繪製一張電路原理圖就像是要用電路組件跟其他人溝通一樣，想一下你是否已經提供所有他們需要的功能。

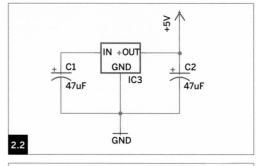

2.1

2.2

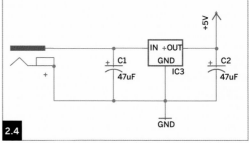

2.4

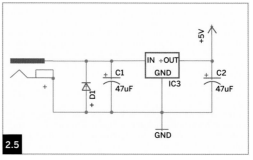

2.5

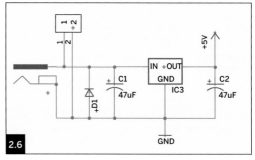

2.6

們使用常見的4005二極體，它的額定電流為1A，使用並聯的方式來預防意外接錯的反向電源。有些其他的設計會使用串聯的方式來連接，但這樣會讓我們需要額外再提供0.7V的電壓。假如我們想使用6V的電源，這樣會無法負荷。

2.1. 使用「新增（Add）」工具，選擇RBBB → Regulator，把Regulator元件放在畫面左上角的象限上，再使用新增工具來配置兩個Electrolytic_Caps元件、GND元件和+5V的信號供應元件（RBBB → Supply），如圖所示。

2.2. 使用「網絡連接（Net）」工具，分別將穩壓器的輸出和輸入端連接到兩個電容的正極。然後將電容的負極接到穩壓器的接地線，把接地線連接到GND元件，並將穩壓器的輸出端接到+5V的信號供應元件上。

2.3. 使用量值（Value）工具來設定兩個電容皆為47μF。

2.4. 新增RBBB→Power_Jack，將它放在穩壓器的輸入端旁邊。這是一個非常標準的中心正極（center-positive）電源插座（不考慮音樂用電子設備的話），把它的中心針腳接到穩壓器的輸入端，並將套筒端（sleeve）接地，如果跳出「是否連接網絡線段（Connect Net Segments）？」的對話框，請選擇「是（Yes）」。

2.5. 新增一個二極體，它會以水平的狀態出現在螢幕上，請使用「旋轉（Rotate）」工具把它負極那一面朝上，並且用「網絡連接」工具將它連接在穩壓器的輸入端和接地端之間。

2.6. 最後，選擇1×2排針（RBBB→1x2_Pinhead）當做額外的選擇性電源輸入，旋轉並放置它，將其中一個針腳連接電源、另一個接地。

3. 微控制器和排針

排針的用途是連接微控制器的輸出和輸入，它提供了一個平臺給焊線和針腳。

3.1. 新增微控制器晶片（RBBB → ATmega），把它放在電路原理圖的中央附近，把它的兩個接地接頭連接到接地訊號端。

3.2. 在靠近ATmega的電源供應針腳7的位置放置一個0.1μF的電容，將它分別連接電源、接地端和針腳7。

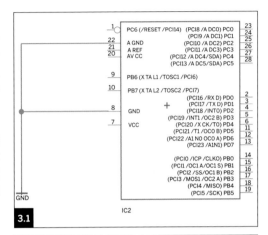

3.1

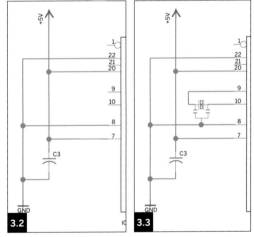

3.2

3.3

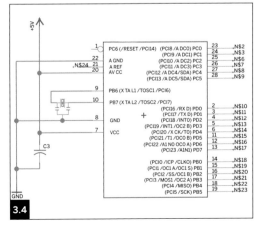

3.4

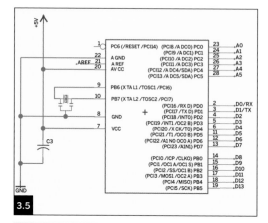

3.5

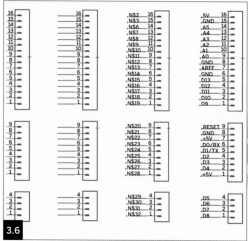

3.6

3.3. 將共鳴器（ resonator ）放置在針腳9和針腳10附近，將它的三個針腳連接如圖所示，並確認最中間的針腳有連到接地端。

3.4. 將剩下的針腳全部都連接信號線（ Signal line ），別忘了左邊的類比參考針腳（ AREF，analog reference ），使用網絡連接工具讓每個針腳都接出一小段信號線，並使用標籤（ Lable ）工具（在網絡連接工具的下面）標籤每一段信號線。

註釋： EAGLE的群組移動功能並沒有像現在大部分的繪圖軟體那樣方便，如果你需要一次移動很多個元件，你需要先使用「變焦（ Zoom ）」工具來調整畫面大小，使用「群組（ Group ）」工具用Ctrl鍵＋滑鼠左鍵點擊或框取你想要移動的元件，使用移動（ Move ）工具在你選擇的元件上按右鍵，在跳出的選項清單中選取移動群組（ Move Group ）即可。

3.5. 你會發現EAGLE會給每條信號線都內建一個標籤，例如：N$2。現在請使用「命名（ Name ）」工具來為這些信號線重新命名，並使它們符合ATmega的針腳名稱。這部分有一點冗長乏味，假如有任何人知道比手動更改更好的方法，請一定要讓我知道。

3.6. 新增1×16、1×9和1×4的排針，然後重複之前的過程：新增信號線、新增標籤然後更改名稱。

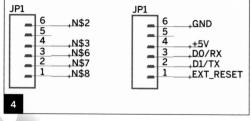

4

4. 序列排針

我們的資料連繫裝置是一個6針腳的排針，它連接到ATmega的序列埠（ serial port ），原始的Arduino控制板有一個USB端口和一個飛特蒂亞（ FTDI ）的晶片，用它們來將通用序列匯流排傳輸介面（ USB ）轉換成TTL或UART傳輸介面。但這次我們不使用這個晶片，而是要使用排線來連接，這樣可以使設計變得精簡。

註釋： 在板子上的「接收端」連接到接線的「傳送端」。

飛特蒂亞有賣一種6針腳的排線，或者你可以使用USB-BUB或FTDI Friend來連接。

把6針腳排針放置在電路原理圖上，並分別連接RX（接收端）、TX（傳送端）、GND（接地端）、＋5V訊號供應元件和EXT_RESET（重置功能）。

5. 便利的設計

很多設計者的設計不符合人體工學，他們使用很小的按鈕、不方便的元件配置和難以解讀的標籤，千萬不要變成這樣！這次我們的設計有一個大小合適的重置按鈕（ reset button ）和可以清楚辨認是否已經接上電源的LED指示燈。

5.1. 如圖所示放置一個開關（ switch ）、10k電阻（ 10k resistor ）和0.1μF的電容（ 0.1μF

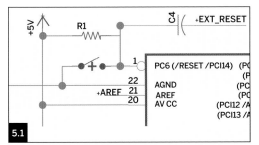

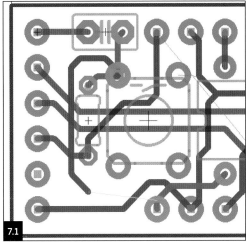

7.1

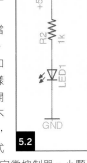

5.1

5.2

capacitor），並把開關的一端連到接地端上。

正常來說開關是打開的，但當按下重置按鈕後開關會關起來。10k電阻則連接在RESET針腳和+5V訊號供應元件的中間，這樣可以讓針腳的狀態在開關是打開的情況時不會漂浮不定而產生不穩的現象。在編寫程式的過程中，主電腦會執行重置功能並在程式啟動裝置載入程式碼之前重新設定微控制器，小顆的電容則是這個期間用來維持系統必需計時功能。

5.2. 最後，新增一個LED和1k限流電阻的串連線路。

6. 檢查迴路

從工具清單中選擇「ERC」來進行電路規則檢查，你可能會得到一連串的錯誤或警告，點擊它們來進行任何必要的修正。最常見的錯誤是信號線非常接近卻沒有真的連接在一起。

更進一步

當你通過了ERC檢查，選擇「檔案（File）」→「切換至電路板（Switch To Board）」，電腦將會詢問你是否要使用布線編輯器（Layout editor），根據現在的電路原理圖來製作出一塊電路板。當然要！從現在開始，不論何時螢幕上都會出現電路原理圖和電路板視窗，EAGLE會讓兩個視窗保持同步的狀態，但前提是兩個視窗都是開啟的。

現在你可以開始在電路板上繪製真實的銅線電路圖了。EAGLE可以自動幫你繪製完成，但為了能夠真的瞭解它，試著自己繪製也是一個不錯的主意。首先，你要先畫出電路板的邊界並設置一些網格空間，描繪電源線路並放置元件，然後繪製通用輸入和輸出路徑，連接板子正反兩面必要的線路（圖7.1），最後，你會在板的背面新增一個接地面（ ground plane），如圖7.2所示。

在線路配置完成之後，要送去印刷電路板廠製作還剩下絲印（silk-screen）、建立Gerber檔與drill檔的步驟。現在就跟著makezine.com.tw上的文章一步一步設計你的電路板和輸出這些PCB檔吧。◼

尚恩・華萊士（Shawn Wallace）是一位住在普羅維登斯的《Make》雜誌的撰稿者、藝術家、工程師和編輯。他在Modern Device設計開放原始碼硬體的套件以及在普羅維登斯的FabLab營運Fab Academy。他用Fluxama集合替iPhone製作合成器，同時也是SMT Computing Society的成員。

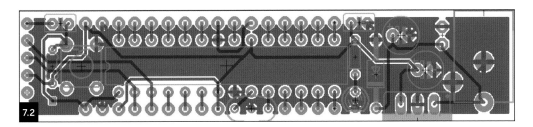

7.2

免費正版軟體，沒有設計限制！

動手設計印刷電路板

可讓你更快速完成印刷電路板設計的免費軟體

文：謝瑩霖

近年來由於各式開放原始碼軟硬體的出現，許多業餘玩家也開始喜歡自己動手設計印刷電路板，但要徹底完成一塊印刷電路板，還需要另外再找製造商進行報價與製作等動作，並沒有一套連貫性的作業流程。

RS Components亞太技術市場營銷總監李國豪表示，現在的RS不只是身為線上電子元件供應商而已，更致力於解決設計師們的問題，因此便推出了DesignSpark這個設計師討論平臺，來自世界各地的設計師們都可以在這個平臺上互相交流其所遭遇的問題，或者是自己的電路板與3D模型設計檔。而RS也藉由DesignSpark平臺推出DesignSpark PCB與DesignSpark Mechanical這兩套軟體，前者主要針對印刷電路板設計了一系列的作業流程，後者則可讓使用者能用更簡單的方式畫出3D模型設計圖，可應用於整體設計規劃、原型樣板快速設計，或者設計印刷電路板的外殼。

現在就跟著以下步驟，來熟悉如何使用DesignSpark PCB來設計出一套完整的印刷電路板，

以及有哪些做法可以輸出印刷電路板的設計成品。

進入DesignSpark的世界

任何一位設計師都可以至DesignSpark交流平臺下載DesignSpark PCB，它是一款複合式電路設計軟體，除了能進行一般電路設計（Schematic Design）與印刷電路板設計（PCB Design），更內建在線元件庫（ModelSource），並加入物料清單報價（BOM Quote）與印刷電路板報價（PCB Quote）。最重要的是這套軟體完全免費，但並不會限制設計師可用的功能。

除了設計印刷電路板外，RS也推出DesignSpark Mechanical這套3D建模軟體，設計師只需使用幾種簡單的繪圖工具即可完成其所要的3D設計。並

結合DesignSpark的線上3D模型庫，讓設計師們可自由下載較複雜的3D設計檔，且此設計檔也可直接於軟體中使用。

　　DesignSpark PCB提供了完整的印刷電路板設計流程，設計師在軟體中只需以拖曳的方式將元件放入電路編輯區中再拉線連結即可進行設計。

1. 下載軟體

　　先至DesignSpark交流平臺：www.designspark.com/pcb下載DesignSpark PCB，在網頁下方有更詳細的說明文件。

1.1 軟體安裝完成後，若你是初次使用此軟體，建議你先到DesignSpark平臺上註冊一個免費帳號，有助於日後使用其他軟體或是與世界各地的設計師們進行交流。按下軟體啟動會跳出要求你啟用軟體的視窗（圖1），只要按下視窗中的網址就會自動連到DesignSpark的啟用網頁。輸入你所安裝的軟體序號，按下「啟用（Activate）」並登入DesignSpark帳號，莫約1分鐘後便會出現DesignSpark所提供的啟用碼（圖2），一旦啟用軟體後，便可直接開始使用。

2. 開始進行設計

2.1 現在你可以直接啟動DesignSpark PCB來進行印刷電路板或一般電路的設計（圖3），進入一般電路設計的視窗畫面。在軟體的左下角可打開ModelSource線上元件庫，登入DesignSpark帳號後便可免費使用超過8萬種元件的電路圖符號來進行印刷電路板的設計（圖4），同時顯示元件的右側也會即時列出元件的單價，亦包含RS庫存號碼等技術參數，方便進行元件報價。設計視窗的右側為互動欄位，可讓你在離線庫內選取想要添加的元件，如果電路變得較為複雜也可以直接搜尋你曾添加過的元件，讓設計師不需從頭找起，只要在搜尋元件的地方選擇包含此名詞（Contain），就可找出在元件庫中包含此名稱的任何一個元件（圖5）。

2.2 當你設計好的電路圖（Schematic Design）後，此軟體非常貼心地提供印刷電路板設計精靈，讓你輕鬆地任意設定電路板的層數（圖6）和尺寸後，把一般電路圖轉換成印刷電路板。待你設定完成後便會出現設計畫面，右邊一樣有互動欄位可讓你選取元件。

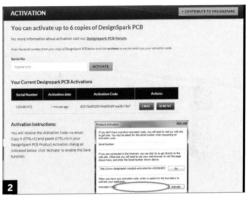

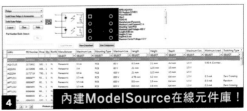

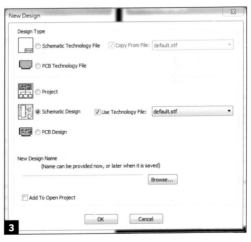

內建ModelSource在線元件庫！

5

沒有電路板層數的限制！

6

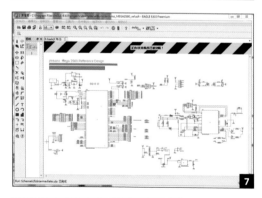

7

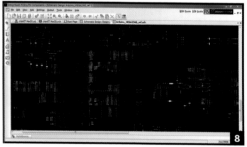

8

3.匯入EAGLE設計檔與元件庫

另一款名為「EAGLE」的印刷電路板設計軟體，其匯出的檔案格式雖然與DesignSpark PCB所匯出的格式有所不同，但RS為了讓使用不同軟體的設計師們得以互相交流。在DesignSpark PCB中提供了匯入設計檔與元件庫的功能，只要依照下列幾個步驟就可以將兩個不同軟體中的文件整合在一起。

3.1 啟動EAGLE並開啟原理圖設計檔（圖7），開啟左上角選單列中的文件，點擊下拉式清單中的「運行ULP」。接著，選擇「SchematicToIntermediate.ulp」將副檔名為「.eis」的檔案存到你安裝EAGLE的資料匣中。

3.2 啟動DesignSpark PCB並開啟空白電路圖設計檔，將剛剛儲存於EAGLE資料匣中的「.eis」檔拖曳到編輯視窗中，此時你會看到對話視窗。請按下「OK」，便可將原先EAGLE的檔案匯入DesignSpark PCB中，你可在編輯視窗中對原先使用EAGLE所設計的電路圖進行編輯（圖8）。

3.3 啟動EAGLE並開啟元件庫，選取你要使用的EAGLE元件庫檔案，同樣按下左上角選單列的文件，選擇下拉清單中的「運行ULP」。選擇「LibraryToIntermediate.ulp」將副檔名為「.eil」的檔案存到你安裝EAGLE的資料匣中。然後用3.2步驟的匯入方法，拖曳.eil檔便可匯入EAGLE元件庫。

4.附加功能

來設計印刷電路板的設計師，都可以使用其附加的物料清單報價與印刷電路板報價功能，只要按下視窗中的「BOM Quote」選項，軟體會自動輸出一個物料表單（圖9）到RS的本地網站（圖10），讓你得知你所要用的元件報價，以及需要多久的出貨時間。

另外，這個軟體還有印刷電路板報價的功能，以及即時線路測試功能（DRC），替你檢測最終設計的電路是否有哪些地方有誤。若檢測之後並沒有錯誤產生，就可以選擇報價（Quote）（圖11），軟體會自動連到與RS合作的小批量印刷電路板製造商（圖12），你可以參考適合的報價來製作你自己的印刷電路板。

除了印刷電路板的製作報價與元件的購買報價外，在軟體中有以3D形式檢視電路板的功能（圖

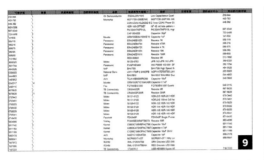

9

元件即時報價功能

10

PCB Quote

Your design has been examined, and the following issues have been found:
Design appears to have been changed since last Design Rule Check.

What to do next:

DRC   Run Design Rule Check now to check the current design

Quote Proceed with the Online PCB Quote anyway

Close Close this dialog so you can modify your design

11

PCB QUOTE SUPPLIERS

Quote Suppliers

Manufacturer	Unit Price	Total price	Proceed
WEdirekt.	EUR 70.00	EUR 70.00	PROCEED TO QUOTE
Printed Circuit Boards	GBP 49.50	GBP 49.61	PROCEED TO QUOTE
pcboards.eu	EUR 157.00	EUR 157.54	PROCEED TO QUOTE
华强PCB	CNY 447.00	CNY 447.03	PROCEED TO QUOTE

也可以有小批量電路板印刷報價！

12

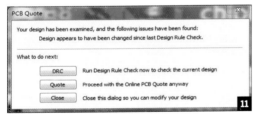

13

設計檔之中，藉此來決定印刷電路板或任何元件欲安插的位置。

由於每個人對於軟體的使用方式與上手程度都略有不同，這點對於RS來說，其實不只是希望讓DesignSpark提供給設計師們更簡單與更多元的設計方法，而是希望世界各地的設計師們可以運用DesignSpark這個平臺，在上面互相進行交流，並且能有互相合作的機會。截至目前，全球有超過150所大學以DesignSpark PCB做為教學器材，RS也舉辦多個設計相關競賽、工作坊與研討會。而RS不只是身為一家線上元件供應商，更將自己的資料庫與DesignSpark平臺相連，致力於推廣軟體的使用教學，從學校開始著手，培養下一代的設計師，使他們能在想法湧現時懂得如何利用工具，以節省更多時間和金錢的方式進行設計，並有更多餘的時間來進行不同領域的整合。◪

✚ DesignSpark交流平臺：http://www.rs-online.com/designspark/electronics/

✚ RS官方網站：http://twen.rs-online.com/web/

謝瑩霖，國立臺灣師範大學電機系畢，目前於馥林文化擔任《Make》與《ROBOCON》國際中文版編輯。

13），讓你可以看到設計完成後的電路板外觀，以便重新規劃電路板上的元件位置。

更進一步

你可以發現DesignSpark PCB是一套完全免費的印刷電路板設計軟體，但不會因此侷限其可用的功能，因為RS的宗旨是為了讓設計師們可以透過更簡單的步驟來進行設計，並且可直接輸出用來設計印刷電路板成品的Gerber檔。若你是預計打造一個包含外殼與內部機構的專題時，則建議結合DesignSpark PCB與DesignSpark Mechanical這兩套軟體，可以先在DesignSpark Mechanical中設計機器人的外觀，每當你完成一個印刷電路板的設計，就可以放入DesignSpark Mechanical的

Nuclear **Fusor**

Fusor核融合反應爐

文：丹尼爾‧史班格勒 譯：江惟真

時間：2～4天 成本：200～500美元

在瓶子中做出 一顆星星

Gregory Hayes

在這裡製造熱融合

✚ 核融合是將兩顆原子緊緊擠在一起，使它們的原子核融合，形成更大的原子並放出巨大能量的過程。核融合讓太陽中心噴出火焰，賦予氫彈強大威力，但目前還沒有人能將這樣的能量妥善運用於和平的用途。

科學家曾經嘗試過，卻被世人投以懷疑的眼光。1989年，物理學家馬丁·弗萊西曼（Martin Fleischmann）和史丹利·龐斯（Stanley Pons）宣布他們在室溫之下達成氫氦的「冷融合」，但並沒有人可以成功的複製這個實驗，所以最後只換來人們的冷嘲熱諷。

幸好，今日DIY核子工程師秉持著誠實與善良的美德，在家用法恩斯沃思-赫舍反應爐（Farnsworth-Hirsch fusion reactor）達成「熱融合」。

這是個示範用迷你反應爐雖然只能產生少量的核融合產物，卻足以示範慣性靜電力約束（IEC，inertial electrostatic confinement）反應爐如何以動能產生核融合反應。這個反應爐也是個迷你版高壓電源和真空系統。透過這個專案你可以學到如何處理更大型的反應爐，以及等離子和高能物理相關的專題。

此外，這個反應爐發出的詭異藍紫光用看的就很酷。如果製作得當，這個反應爐能產生一種叫做「瓶中星」的催眠視覺效果。好奇嗎？讓我們繼續看下去……

警告： 這個專題會用到高壓而且可能致命的電流。不當使用可能導致高真空裝置內爆。此裝置可能產生紫外線和X光輻射。若你無法安全地使用高壓電和真空設備，請勿試圖製造或操作此裝置。

材料

» 霓虹燈變壓器，12,000V（12kV），無接地故障保護：可上eBay或就近在販售霓虹燈相關產品的商店尋找。

» 可調式變壓器，110V～140V，5A：又叫做「自耦變壓器」。

» 二級真空泵浦，最小真空度0.025mm汞柱（25微米）：立方呎／分（CFM）愈高愈好。

» 高壓二極體，0.1A、20kV（2）：可上hvstuff.com搜尋。可多買幾顆，因為很可能不小心就把整流器燒掉。

» 有¼"美制外螺紋接頭的真空計：像Amazon網站商品編號#B0087UD1GA這種。

» 聚氯乙烯管，編織軟管型，內徑⅜"、長2'：編織能增加強度，避免被高度真空環境破壞。

» 倒鉤軟管接頭，銅質，內徑⅜"×¼"，乾密封式美制管用錐度外螺紋（2）

» 多的銅管接頭（非必要）：若要將真空泵浦接到倒鉤軟管接頭才需要。

» 軟管夾，⅜"管用（2）

» Y型端子，¼"寬，美國線規16–14用（8～11）

» 圓形端子，¼"寬，美國線規16–14用（3）

» 圓柱玻璃杯，硼矽玻璃製，外徑3"×內徑2¹⁹⁄₃₂"×高3"：McMaster-Carr網站編號#1176K27，mcmaster.com。

» 尼龍墊片，無螺紋，外徑½"、長2"，¼"螺絲用（4）：McMaster-Carr網站商品編號#94638A29或94639A089。

» 長方形鋁塊，6061鋁合金，½"×5"×12"：McMaster-Carr網站商品編號#8975K436。

» 普通銅螺紋桿，¼–20×7"（4）：McMaster-Carr網站商品編號#91565A566。

» 圓形隔離柱，內螺紋，內徑¼"、長2"，#10-32螺絲用：McMaster-Carr網站商品編號#93330A493。

» 無氣孔高鋁陶瓷管，外徑⅜"、內徑¼"、長12"：McMaster-Carr網站商品編號#8746K18。

» 高壓電線，302°F、美國線規20號、外徑0.138"、20,000直流電壓、長6'：McMaster-Carr網站商品編號#8296K15。

» 道康寧（Dow Corning）牌高真空潤滑脂：McMaster-Carr網站商品編號#2966K52。

» 不鏽鋼電線（302/304型），軟退火、直徑0.032"、長4'：McMaster-Carr網站商品編號#8860K14。

» 六角螺母，¼-20（4）

» T型螺母，¼-20（4）

» 不鏽鋼機械螺絲#10-32×½"（5）

» 六角螺母，#10-32（3）

» 層板，公稱厚度½"，面積8"×8"

» 自黏性橡膠腳墊（4）

» ¹⁄₁₆"厚橡膠板

» 聚氯乙烯管，公稱管徑½"，長6"

» 聚氯乙烯管接頭，公稱管徑½"，滑動接頭，末端套管（3）和T型管（1）

» 絕緣絞線，美國線規16號

» 礦物油16 fl oz

» 外用酒精

» 三芯直流電線，長4'（非必要）

» 有接地芯的插頭（非必要）

工具

» 鑽床和鑽頭
» 雙金屬孔鋸，直徑4¼"、深度1½"、心軸柄⁷⁄₁₆"：McMaster-Carr網站商品編號#4008A581。
» 高速導引鑽頭，¼"，孔鋸用：McMaster-Carr網站商品編號#4066A89
» **WD-40金屬潤滑劑**：切削油使用。
» 高速電動刻模機和迷你砂輪片，金剛石磨粒。直徑1¼"×厚0.032"：McMaster-Carr網站商品編號#1257A89。
» 管內螺紋錐和把手，¼-18美制管用推拔螺紋
» 螺栓，¼-20、1½"
» 黃氧噴燈
» 銀焊絲和銀助焊劑：要融點最高的，一般五金行有賣。
» 焊接輔助夾座
» 螺絲起子
» 開口扳手組
» 剝線鉗
» 線材壓接器
» 木鋸
» 高強度防鬆螺紋油
» 細磨粒砂紙
» 金屬銼刀
» 筆刀
» 雙液型環氧樹脂，24小時型：其融合反應期間的揮發氣體應比快速固化環氧樹脂少。
» 中心衝
» 老虎鉗
» 封口膠帶
» 聚四氟乙烯帶
» 聚氯乙烯管專用膠
» 聚氯乙烯管，公稱管徑1"，長約12"
» 乳膠手套（2雙）
» 護目鏡

向即進行融合實驗的人們致敬

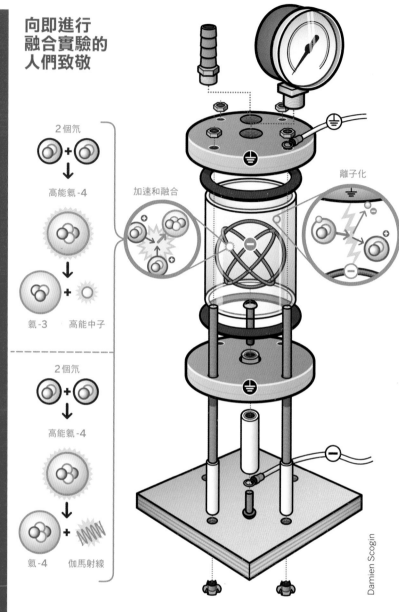

2個氘

高能氦-4

氦-3 + 高能中子

2個氘

高能氦-4

氦-4 + 伽馬射線

加速和融合

離子化

Damien Scogin

作用原理

典型的法恩斯沃思-赫舍反應爐真空室中有兩個同心電網：內部電網帶有高負電位，外部電網保持在接地電位。我們的桌上型反應爐內部電網是不鏽鋼，外部電網和真空室上下方是鋁。

自耦變壓器控制交流電源電壓輸入進入霓虹燈變壓器，讓霓虹燈變壓器從標準110V交流電壓升高至10kV。自製整流器則將交流電轉換成直流電，供電給電網。

真空泵浦將中間的玻璃管抽成真空，壓力變成0.025mm汞柱，使剩下的氣體分子運動加速，減少不成熟的低能量碰撞。真空計顯示真空室中的

壓力。

電網上的高壓電讓氣體分子離子化，也就是失去一顆電子，變成帶正電。靜電力接著讓 O_2^+、N_2^+、Ar^+ 和 H_2O^+ 等離子加速往高負電荷的中心處移動。部分離子相撞；剩下的則被電場捕獲、重新加速再次往中心移動。

低電力核融合反應爐會發出類似等離子球和霓虹燈的美麗紫色離子電漿，這個現象叫「輝光放電」。在高能核融合反應爐中，離子撞擊的慣性擠壓氫原子，使之產生核融合，因此叫做「慣性局限融合」。

典型高能核融合反應爐是將氘（D或 ^2H）融合成氚和氦。氘是一種氫同位素，其原子核除了一個質子還有一個中子。氘核融合的現象會低濃度地自然發生，形成氫氘化物（HD），或是「重水」（D_2O）、半重水（HDO）、氘氣（D_2）等形式。6000個氫原子中才有1個是氘。氚（一個氫原子有兩個中子和一個質子）就更少了。

兩個氘原子核融合形成高能量的氦-4原子，放出一個質子、一個中子或是伽馬射線，分別剩下氚原子、氦-3原子或氦-4原子，最後穩定下來。

Gunther Kirsch

1a

核融合的國度

菲洛・法恩斯沃思（Philo T. Farnsworth）1960年代中開發出Fusor核融合反應爐。法恩斯沃思也是電視的發明人。Fusor核融合反應爐很受DIY實驗愛好者的歡迎，因為製作簡單而且幾乎都能成功產生融合反應。

核融合反應爐雖然能產生有用的能量，卻也具有危險性。需要高壓電，而且會產生有害人體的紫外線、X光、伽馬射線和游離中子輻射。

目前麻省理工學院、威斯康辛大學麥迪遜分校、伊利諾大學、洛斯阿拉莫斯國家實驗室（Los Alamos National Laboratory）、易安信公司（EMC Corporation）和其他多間實驗室都在研究慣性靜電約束反應爐。

讓我們動手做看看
1. 切割真空室所需的組件

用孔鋸從長方形鋁塊上切下兩塊直徑4"的圓形鋁塊（圖1a）。以WD-40當切削液，用鑽床的最慢速切割。切割過程會發出可怕的噪音。用銼刀將粗糙邊緣清乾淨，注意不要刮傷圓形鋁塊表面（圖1b）。

從 makezine.com/36 網站上的輪緣模版印出

1b

並剪下來。把兩塊圓形鋁塊疊起來，模版放在最上面，圓心處用長1½"的¼-20螺栓鎖在一起。用封口膠帶貼住鋁塊的接觸面避免刮傷，同時也把模版固定在鋁塊上（圖1c）。以中心衝在模版畫記的各點從中心點位置打洞（圖1d）後，移除模版。鑽4個螺孔（偏移孔待會再打），先用⅛"鑽頭鑽，再用¼"鑽頭鑽（圖1e）。這個方式叫做「分段鑽孔」，

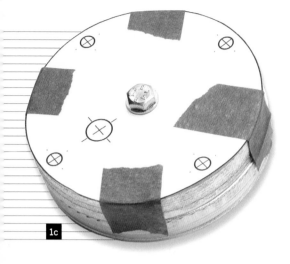

1c

1d

1e

1f

1g

能輕鬆鑽出大而位置準確的孔。注意不要讓兩塊鋁塊相對位置有所移動。分開輪緣時，用中心衝或螢光筆在邊緣畫上裝配標記，好在組裝反應爐真空室時能正確對齊兩塊輪緣（圖1f）。

在輪緣底部中心鑽3/8"的孔（圖1g），測試陶瓷管是否能插入。理論上應該能剛好插入。如果太緊，把一片砂紙黏在一根釘子上，使砂紙包覆住釘子，裝到電鑽上，後用其把孔擴大至陶瓷管能夠剛剛好插入的大小。

在上輪緣以分段鑽孔法鑽中心孔和偏移孔至7/16"深（圖1h）。用固定鉗夾住法蘭，用膠帶或墊片避免輪緣汙損，接著小心地將剛剛鑽的兩個7/16"孔削成1/4-18美制管用錐度螺紋孔（圖1i）。注意這裡是錐形螺紋。

用筆刀在橡膠板上依照下載的模版切割出兩個墊片環（內徑2½"×外徑3⅛"）（圖1j）。

用刻模機和金剛石砂輪片切割出2"長的陶瓷管（圖1k）。把邊緣粗糙部分磨平（圖1l）。

2.安裝饋通裝置

用24小時環氧樹脂將鋁隔離柱黏在陶瓷管內，注意不要讓螺紋沾到樹脂（圖2a）。可能需要用銼刀或砂紙將隔離柱稍微磨細，好塞進陶瓷柱中。高壓饋通裝置就完成了（圖2b）。

用足量的環氧樹脂將饋通裝置黏在下輪緣的中央孔，使之有½"的長度在真空室中（圖2c）。仍然要注意不要讓螺紋沾到樹脂。

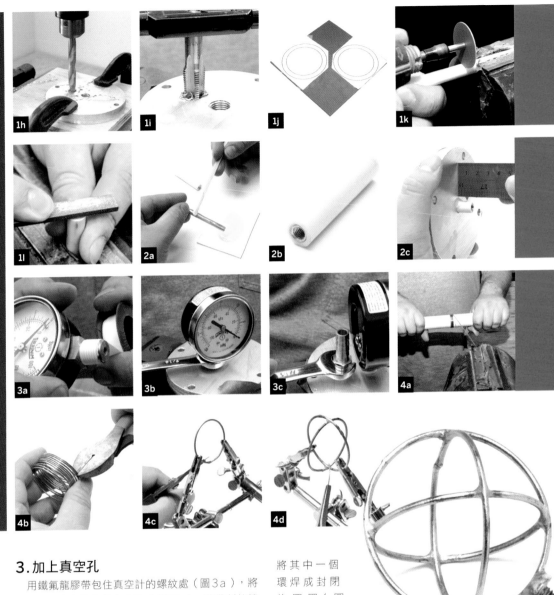

3. 加上真空孔

用鐵氟龍膠帶包住真空計的螺紋處（圖3a），將真空計旋進上輪緣的中央孔（圖3b），將帶刺軟管接頭旋進偏移孔（圖3c）。用扳手轉緊。

4. 製作電網

切割一條12"長的1"聚氯乙烯管，在中間鑽一個直徑 1/16" 的孔。剪一段48"長的不鏽鋼線，將一端固定在固定鉗或固定夾上。把另外一端穿過聚氯乙烯管上的孔，將電線整齊地以固定的張力平鋪捲在管上（圖4a）。卸下繫在固定鉗或固定夾上的線，移除聚氯乙烯管，注意不要讓電線彈開。這一小圈的電線圈約有10至12圈，直徑約1⅝"（圖4b）。

從電線圈上剪下3個環。用銀焊槍和黃氣噴燈將其中一個環焊成封閉的圓圈（圖4c）。把第二個環穿過第一個環，同樣焊成封閉的圓圈，小心地將兩個環以正確的角度焊在一起（圖4d）。把第三個環穿進前面兩個，使形成一個球狀的籠子，有8個一樣大的開口。調整好第三個環的大小，必要時可修剪，將第三個環也焊好。

最後，將一顆 #10-32 不鏽鋼機械螺絲焊到最外圈的環上、其中兩個環交界處的正中間（圖4e）。

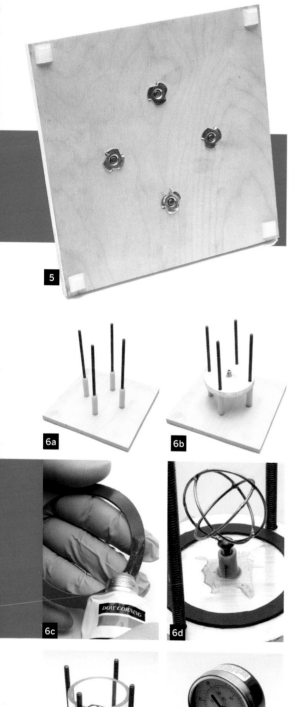

5

7

5.製作底座

切一塊8"×8"、厚½"的層板。用其中一塊輪緣當輔助,畫出四個螺栓孔。鑽¼"孔,將4個T型螺母敲進層板中。在和T型螺母同一側的各個角黏一個橡膠腳墊(圖5)。

6.組裝反應爐

把螺紋鎖固劑塗在螺紋不鏽鋼條上,將不鏽鋼條鎖進T型螺母中,直到如圖5般與T型螺母的凸緣齊。將尼龍墊圈套上每一根不鏽鋼條(圖6a),接著把下輪緣裝在墊圈上。注意要讓高壓饋通裝置朝上方突出(圖6b)。

戴上乳膠手套,用酒精擦拭輪緣表面並等其自然乾。將真空潤滑脂塗在橡膠墊片的兩面(圖6c),使橡膠墊圈對準下輪緣的中央。把內部電網鎖在高壓饋通管上(圖6d)。

換一雙新的乳膠手套,用酒精清潔玻璃管,將玻璃管小心放置在橡膠墊圈上(圖6e)。將真空潤滑脂塗在第二塊橡膠墊圈的兩面,放在玻璃管的上方。注意不要把潤滑脂抹在玻璃管上。

現在用酒精清潔上輪緣,把輪緣塊疊在第二塊橡膠墊圈上。注意上下輪緣的對準線要彼此對準。用4顆¼-20螺母鎖緊固定(圖6f)。螺母不需鎖得過緊,有稍微壓到橡膠墊圈即可。鎖太緊可能導致玻璃被壓裂。

7.反應爐配管

剪下2'長、內徑⅜"的強化乙烯管,套上兩個管夾,將軟管兩端分別套在真空泵浦和反應爐的接頭上後,把兩個管夾拉緊固定(圖7)。

依照製造商的說明書操作真空泵浦(包括真空油、電源、散熱等)。真空泵浦有許多不同形式,可能需要安裝額外的配管才能和⅜"強化乙烯管對接。

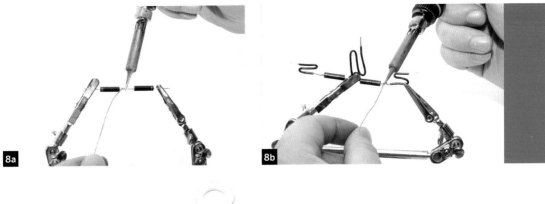

8a

8b

8c

8d

8e

8. 製作高壓整流器

把兩個高壓二極體焊在一起，確保二極體的白色端分別朝向另一邊（圖8a）。剪三段2"長的美制線規16號絞線，從尾端剝去¼"的絕緣外皮，將線彎成S形。將絞線焊接到兩個二極體的兩端和接合處（圖8b）。在三條絞線的尾端分別壓接上一個圓形絕緣端子（圖8c）。

在3個½"聚氯乙烯管帽頂端中間鑽一個 # 21的洞（直徑4mm或 ⁵⁄₃₂" ），接著用 #10-32螺絲鑽出內螺紋（圖8d）。

把剛剛的二極體線組放進½"聚氯乙烯T型管，讓中間的電線從中間管中穿出，兩端的線則從兩個管端穿出（圖8e）。切3段長1½"的½"聚氯乙烯管，分別黏接到剛剛T型管的三個開口，包住其中的二極體線組（圖8f）。將#10-32機械螺絲分別穿過3圓形端子，鎖到3個管蓋內側（圖8g）。把末端套管黏上管口，頂端的管口先不要黏（圖8h）。

把T型管用固定夾夾好，頂端開口朝上，慢慢地

8f

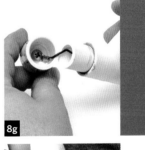

8g

8h

8i

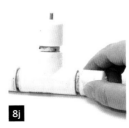

8j

9

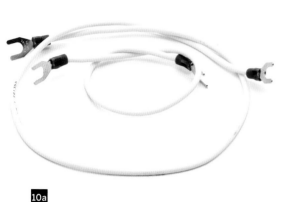

10a

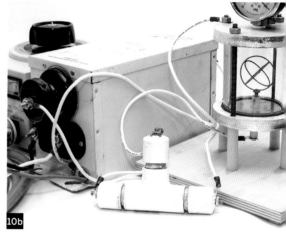

10b

倒入礦物油直到下方橫管裝滿（圖8i）。鬆開固定夾，輕輕左右晃動T型管，不要讓礦物油中有氣泡，再加滿。將最後一個圓形端子鎖到最後一個末端套管上，蓋上管口並黏死（圖8j）。

9. 連接變壓器

如果運氣好，你的霓虹燈變壓器可能有電源線。如果沒有，找一個有接地的插頭，接上一條三線直流電線。直流電線中，綠色接到接地，黑色和白色則可任意接到火線和中線（圖9）。

霓虹燈變壓器上應該有兩個大的陶瓷隔離柱，它們就是高壓電的輸出端。不過現在先不管它們，先看兩個較小的輸入端和接地螺絲。

把3條電線分開，黑色和白色線接到輸入端，綠線接到接地螺絲。從電線尾端剝去¼"的絕緣外皮，個別接上一個Y型端子，再接到對應的輸入和輸出端。黑線和白線可任意接到火線和中線。

10. 連接反應爐

剪3段長12"和一段長24"的高壓電線，從尾端剝去¼"的絕緣外皮，每條線的兩端都個別接上Y型端子（圖10a）。用12"高壓電線連接霓虹燈變壓器的高壓端和整流器的底部兩端。把第三條12"電線用½"長的#10-32螺絲連接整流器頂端和反應爐的高壓饋通端。

最後，將24"電線接到反應爐頂部的4個螺柱其中之一，用原本的螺帽固定。電線另一端接到霓虹燈變壓器的接地螺絲（圖10b）。

11. 測試真空室

測試玻璃真空室時，切記要使用安全隔板。我用一個有窗的門當隔板，讓電線從門下方繞過。

插上真空泵浦，當真空計指到零後，請隔著隔板操作。讓泵浦連續跑5分鐘。期間如果泵浦沒發生內爆，就表示小心使用的話可正常運作。

要移動或收起反應爐時，記得先關掉真空泵浦，讓整個系統回到正常大氣壓。

啟用反應爐

把變壓器電源線插上自耦變壓器，再將自耦變壓器的電源插上牆壁插座。現在還不要調整自耦變壓器。

開啟真空泵浦，等真空計指向零，再等2至5分鐘，待達到更強的真空。讓真空泵浦繼續運作。現在打開自耦變壓器的電源，慢慢旋轉旋鈕，增加變壓器輸出的電壓。

如果一切運作正常，應可看到真空室內發出紫色的放電光芒，隨著電壓調高，電網內會形成清晰的等離子球，偶而還會從電網開口處噴發出等離子柱。如果整個製作過程確實仔細，將可看到美麗的「瓶中星」：一條條閃亮的等離子線從電網的開口射

警告：玻璃真空室可能內爆。操作真空系統時務必要戴上護目鏡。記得，高壓電和電流可能導致人體受傷甚至致命。核融合反應爐可能發出有害的輻射。你必須完全瞭解其中風險，並且能夠安全第使用高壓電和真空設備，才能製作或操作此反應爐。整流器輸出不可超過12kV。

操作高壓電

此反應爐是低電量的版本，其元件接地，將電擊的危險降到最低。但仍可能發生危險。以下是安全須知。

電工界有這麼一句話：「伏特傷人，安培殺人。」電流比電壓危險許多，只要10至20毫安培（mA）的交流電就能造成肌肉收縮，讓你無法移開帶電物體，70mA至100mA則能導致心房顫動和死亡。

家用交流電插座一般都是120V，電流則有15A，足以致命。60Hz的交流頻率也可能引起心房顫動，可說非常危險。

自耦變壓器調整牆壁插座電力至140V、5A。雖然較低了些，仍然有觸電危險。

此外，霓虹燈變壓器將電壓升高到12,000V交流電，電流降低到30mA，雖不太可能引起心房顫動，但仍超過「擺脫電流」。

最後，整流器將交流電轉成直流電，電壓達6,000V，電流30mA，是霓虹燈變壓器輸出電壓的一半，低於直流電的擺脫電流75mA。不過仍可能致死，因為直流電所造成的肌肉收縮和組織燒傷比交流電更嚴重。

因此，務必要正確焊接反應爐的每條電線，操作時，不可接觸自耦變壓器旋鈕以外的地方。如果有疑問，一定要請教專家再繼續製作或操作。

——科思・哈蒙德（Keith Hammond）

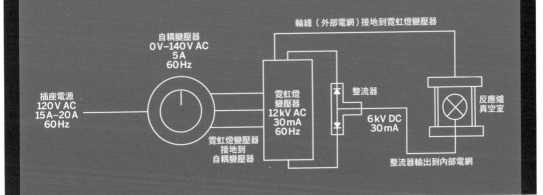

出。

恭喜，你成功運用慣性靜電約束原理製作出展示用核融合反應爐！

絕對不要長時間開啟反應爐，1至2分鐘就足夠了。等離子柱脫離核心的時候可能讓玻璃變熱，造成內爆。只要真空室處於真空狀態，在場所有人都必須戴上美國國家標準協會認可的安全護目鏡。

故障排除

首次啟用反應爐時，可看見電網中出現火花和弧形火焰，這是灰塵燃燒造成的，只要這些火花沒有長時間出現在同一個位置就沒事，很快火焰就會停止。不過若火焰持續出現，可能是碳沈積物所導致，可能造成危險。請將反應爐關閉，徹底清理真空室再繼續使用。

如果放電為深紫色，表示真空室有漏氣；查看墊圈，重新塗抹真空潤滑脂。若真空狀態佳，放電應是明亮的藍紫色。◪

➕ 下載真空室輪緣和墊圈的形狀和孔位模版：makezine.com/36

➕ 核融合反應爐的討論區、小訣竅和相關資訊：fusor.net

丹尼爾・史班格勒（Dan Spangler）是MAKE實驗室的製作者。

桌上鑄造廠
Desktop
Foundry

在家中桌上
就能
鑄造金屬！

文、攝影：
鮑勃‧納茲格
譯：江惟真

時間：4～8小時　　成本：40～60美元

材料

» 木板，7½"×5½"：我用的是一片¾"實心橡木隔板。
» 木塊，大小約2"×2"×2½"
» 16號軟銅線，約2'
» 黃銅管，直徑³⁄₁₆"、長5"
» 黃銅帶，0.030"×¼"×1½"（2）
» 螺絲止定環，內徑³⁄₁₆"（2）
» 圓頭黃銅角釘，小玻璃小瓶子：容量約5ml。
» 頂針
» 酒精燈，約1oz
» 硬木釘，直徑1"、長6"(1)、直徑¼"、長3"(1)
» 木螺絲和墊圈
» 軟木塞（2）
» Sugru（可塑型矽膠黏土組）：makershed.com網站編號#MKSU1。
» 菲爾德金屬
» 自黏橡膠腳墊
» 火柴和火柴盒側面用來擦燃火柴的磷層
» 白膠
» 木材染料
» 不沾鍋烹飪噴塗工具

工具

» 手鑽或鑽床
» 鑽頭：1½"、1"、⁷⁄₃₂"、¼"、³⁄₃₂"、⅛"和¹⁄₁₆"
» 木鋸
» 螺絲刀
» 尺規
» 萬能鉗：又名大力鉗

選用工具

» 有雙彎曲線刨的切割機
» 銑床和車床
» 立銑刀：¾"和½"
» Micro-mark的專業光蝕刻工具組（Pro-etch）：可用用來製作裝飾性的黃銅件。micromark.com網站編號#83123。這個工具組內附0.005"黃銅片覆膜機、蝕刻和剝離化學品、蝕刻缸、攪拌器、噴墨印表機膠片、光阻薄膜、顯影盤、量杯、護目鏡和手套。

這是一個「製作專題製作工具」的DIY專題：其成品為「可以製作其他專題」的工具。這是個迷你而實用的鑄造廠，讓你能在自家桌上鑄造金屬。不論是客製化的珠寶、小飾品還是壓鑄式遊戲代幣，都可以鑄造、融化、再鑄造。這個桌上型鑄造廠的核心是一種叫做菲爾德金屬的「共熔合金」。菲爾德金屬是鉍、銦和錫合金，在144°F（約62℃，就像是一杯熱咖啡的溫度）就會熔化。不同於其他低熔點金屬，菲爾德金屬不含鉛或鎘，是安全無毒的。

這個簡單的鑄造廠用木頭、金屬和家裡隨處可得的零件製成。如果你已經游刃有餘，也可以為自己的桌上型鑄造廠加上一些時髦的黃銅裝飾和鳳凰形狀的旋轉渦輪。

桌上型鑄造廠的中心是固定在木基座上的一根垂直軸。垂直軸可旋轉90度，將坩堝從酒精燈上方移至模具上方。旋轉軟木手柄可傾倒坩堝，將熔化的金屬倒入模具中。還有放置模具、金屬和火柴的儲藏罐，並用頂針熄滅酒精燈。

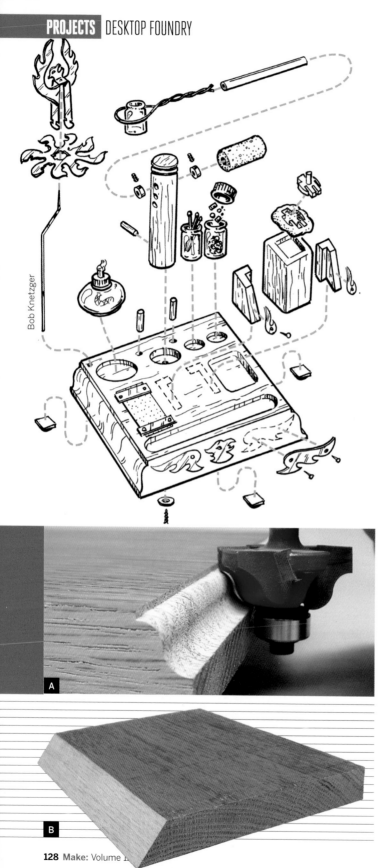

Bob Knetzger

1. 把材料準備好

　　除了菲爾德金屬以外，此專題所有的材料都可以自由替換。我在一間科學玩具公司網站找到一些特價的菲爾德金屬。買小量可能不是很划算，但只需要能裝滿一到兩個頂針的量，就足以讓你鑄造、熔化、再鑄造了。有趣的是，菲爾德金屬就是以《Make》撰稿人之一西蒙・奎林・菲爾德（Simon Quellen Field）命名的喔！

　　我用非常容易上手的速玩矽膠材料「Sugru」來製作模具，只要抓一小把就夠了。

　　接著從一組老舊的化學器材中找到一個酒精燈。我用裝隱形眼鏡的玻璃瓶當坩鍋和儲藏罐，其實任何一個小玻璃瓶都可以拿來用。但為了便於傾倒熔化的金屬，最好找個有點「瓶頸」的玻璃瓶。

2. 製作基座

　　切割出適當大小的木塊當基座。如果你喜歡，也可以用切割機在邊緣加上一些裝飾性的弧度。我用雙彎曲線刨切割出類似鋼筆座的邊緣（圖A），以及45度角斜面（圖B），你也可以不做任何裝飾。

　　在基座上分別挖出放中心軸（1"）、儲藏罐和酒精燈的凹洞（圖C）。所有的凹洞都挖³⁄₈"深，可用鑽床輔以免挖太深。在放中心軸的凹洞的中心點鑽穿一個¹⁄₈"大小的孔。我也為熄燈頂針和模具挖了放置的空間，你也可以用切割機切割（圖D）。

　　用一塊2×2大小的零碎木塊製作高度2½"的模具固定座。我在頂部挖出個凹洞，恰好放置Sugru，不過這不是必須的（圖E）。切割出一些L型的支架，並在前方切出斜面（圖

A

B

C

D

E

F

G

H

I

F）。這些支架會用白膠固定在基座中間，在鑄造時有助固定模具架的位置。

把直徑1"的木釘切割成5"長，在底部鑽一個⅛"的先導孔，鑽木螺絲用。在中心軸上半部垂直鑽一排數個直徑⁷⁄₃₂"的孔，用以調整坩鍋的高度。把木釘旋轉90˚，在距離底部½"處鑽一個直徑¼"、深⅜"的孔。我用車床加了些裝飾性的凹環在頂部（圖G）。

用直徑¼"的木釘切割出3個長1"的小段，把其中一個插入靠近中心軸底部的孔中並黏牢。把中心軸放入基底的中心孔，從底部鎖上木螺絲和墊片（圖H）。不需鎖太緊，要讓中心軸可以在洞中旋轉。在基底底部加上三個橡膠腳墊（圖I）。

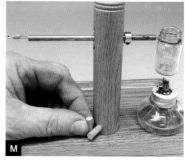

3. 製作坩鍋

　　切一段長14"的黃銅線，從中心點將它環繞在小玻璃罐開口處。把銅線互相纏繞初一根手柄，用萬用鉗把線纏緊，固定在玻璃瓶口（圖J）。

　　把纏繞成柄的銅線穿過銅管（圖K）。用一顆螺絲止定環套上銅管，接著將銅管穿過中心軸上直徑7/32"的孔。放上酒精燈後，旋轉中心軸並滑動銅管，把坩鍋瓶移到酒精燈上方。把螺絲止定環靠著中心軸，把止定環上的螺絲鎖緊（圖L）。

　　讓坩鍋保持在酒精燈上方位置，拿一塊1/4"木釘垂直擺放，倚靠在中心軸上的水平木釘旁。在基座上畫記下垂直木釘的位置，並在這裡鑽一個直徑1/4"、深3/8"的洞。把1/4"木釘以白膠固定在洞上（圖M）。這根木釘就是坩鍋位置的依據。

　　把第二個止定環套上銅管，靠著中心軸另外一面鎖緊。在軟木塞中心鑽一個直徑1/4"的洞，把軟木塞以旋轉方式套上銅管另外一端，形成絕緣的把手（圖N）。

4. 固定模具架

接下來，把中心軸逆時針轉90度，把模具架放在坩鍋下方，確保坩鍋傾倒時可以順利把內容物倒進模具中。小心將支架放在模具架的左側或右側，並在基座上畫記位置（圖O）。

再取一根小木釘靠在中心軸上小木釘旁，在基座上畫上記號並鑽一個直徑 ¼"、深 ⅜" 的洞，把這第三根 ¼" 木釘固定在這個洞中。這根木釘會讓中心軸停在坩鍋傾倒的位置（圖P）。把支架也用白膠固定在基座上。

5. 最後修飾與完工

剪一段 10" 長的銅線，把銅線從中心位置繞著頂針邊緣對折。用萬能鉗把銅線兩端彼此旋緊，做一根和之前同樣的把手（圖Q）。同樣在軟木塞中心穿一個直徑 3/16" 的孔，把銅線把手尾端塞入軟木塞中，形成一個絕緣把手。

用暗色木材染劑將木件上色，以加深木頭的紋理。

在兩片銅片的兩端各鑽一個直徑約 1/16" 的孔。剪下一片火柴盒兩側的擦燃面，如圖所示放在基座上，兩側放上銅片（圖R）。把銅片上的孔位畫記在基座上並鑽直徑同樣 1/16" 的孔，用圓頭黃銅角釘穿過基座把銅片和火柴盒的擦燃條固定在基座上。

6. 製作模具

找一個小硬幣、小裝飾物或其他你想要鑄造的小物。我用苯乙烯刻了一個小MAKE機器人。在模具固定架頂端噴上一些不沾黏烹飪噴塗料（以免Sugru黏在固定架上）。打開一包Sugru，揉軟後塞進模具固定架中。把你想要鑄造的小物件也噴上不沾黏噴塗料使之容易脫模。擦去多餘的塗料後，小心把它按壓進Sugru中（圖S），接著靜置約24小時使其硬化。

24小時後小心拿起鑄造物，模具就完成了。你會發現模具保留了許多細節和表面質地（圖T）。Sugru仍然具有彈性，相當容易脫模，就算有些微的倒勾形狀也沒問題。

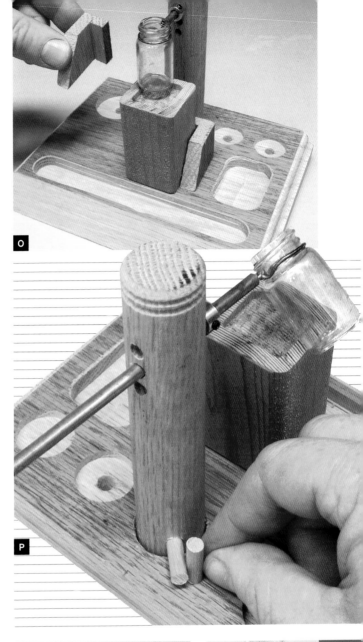

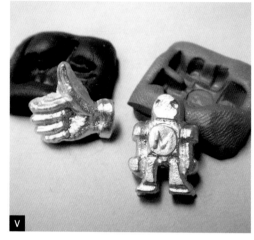

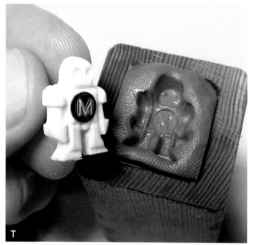

7. 開始鑄造

把模具中的油擦掉，灑上一點點滑石粉，使液態金屬在模具中的流動性更佳。把模具放在固定架上。倒一些菲爾德金屬在坩鍋中，點燃酒精燈，小心移動坩鍋把手，讓坩鍋在酒精燈上左右移動直到金屬融化。金屬融化後，把坩鍋移到模具上方，旋轉把手將坩鍋中的金屬傾倒到模具中（圖U）。輕敲模具讓金屬充分流動到模具內各個細部並釋出泡泡。冷卻後，將金屬成形品脫模（圖V）。這就完成了一次金屬鑄造工作！你可以把金屬成形品再次融化和重新鑄造多次。

8. 耍點花招（非必要）

如果你喜歡，也可以在你的桌上鑄造廠上加一些黃銅飾物（圖W）和鳳凰渦輪飾物，讓它更有你的個人風格。你也可以到 makezine.com/36 下載我的模版。如果你家附近剛好有提供光纖雷雕服務的商家，你也可以用雷雕製作一些銅飾。不過大部分商家都不願意切割銅，因為銅的反射性可能損害雷雕機的鏡片。我以我用化學蝕刻方式製作精細的銅件，原理很像蝕刻電路板，只是少了那塊板材而已。

銅件的光蝕刻技術步驟如下：把你要蝕刻掉的圖樣印在透明塑膠片上，把塑膠片放在光敏感化的銅件上（圖X），暴露在光源下。接著取下透明塑膠片，把銅件放在顯影劑中。被塑膠片上黑色圖樣蓋住的部分等一下會被洗去，只留下抗酸的圖樣。接著把銅件放進三氯化鐵溶液，溶蝕掉不耐酸的部分後，你的銅件就成形了（圖Y）。我用的是 Micro-Mark 的萬用蝕刻組，還附有清楚的說明書（之後會有文章有完整的說明）。

W

X

Y

依圖所示修剪和組裝渦輪，用一根金屬線固定在基座上（圖Z）。酒精燈燃燒釋放出的熱氣會讓渦輪轉動。

用圓頭黃銅角釘把黃銅飾片固定在基座上。我用黑色木材塗料將基座前方塗黑，以搭配閃亮的黃銅飾片。◪

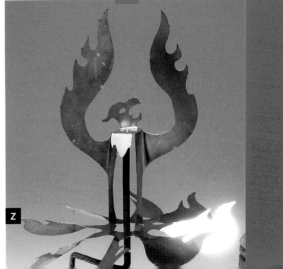

Z

到makezine.com/36看桌上型鑄造廠的製作影片和下載蝕刻銅件的圖檔。

鮑勃‧納茲格（Bob Knetzger）（neotoybob@yahoo.com）是一位發明家兼設計師，有30年製作有趣玩意兒的經驗。

A Living
Hatsune Miku
初音玩偶改造計劃

文：薛皓云

⚡ 時間：3～4小時　　⚡ 成本：2,000～3,000臺幣

材料

» **初音玩偶**：或任何你喜歡的玩偶，尺寸以方便安裝伺服機的為主。
» **Arduino開發板**：Uno、Duemilanove或其他型號皆可，而我所使用的是Mega ADK。
» **NXShield**
» **伺服機（4）**：廠牌不限。我是用的是RoBoard RS-0263這款伺服機。
» **Kinect體感裝置**
» **PS搖桿與對應的接收器**：在尚未接上Kinect之前，可用搖桿來測試伺服機的運作情況。

工具

» **3D印表機**：廠牌不限。
» **螺絲、螺絲起子**
» **筆刀**
» **針、線、拉鍊、剪刀、尺**
» **電腦與所用軟體**：Arduin IDE，下載網址：http://arduino.cc/en/Main/Software；Labview2011以上版本（非必要），下載網址：http://www.ni.com/trylabview/zht/。

做出可與你一同舞動的初音

➕ 初音未來是個虛擬歌手，在2008年由YAMAHA所推出，也是我心中的偶像。每當聆聽她的歌聲時，都想著若她是真實人物該有多好，所以我就有了想把她實體化的念頭，所以我先試著改造小型的初音玩偶。

於是我使用Arduino開發板搭配伺服機讓初音玩偶可以順利動起來，至於內部的支撐骨架則是透過3D印表機來製作。

1.拆解

　　要控制初音玩偶，必須要將伺服機裝在玩偶內，必須要把玩偶先拆開。但並不要將整個玩偶拆得支離破碎，必須把玩偶身上原有的零組件保持完整。

　　首先，先把玩偶的衣服拆下來，因為衣服只用熱熔膠固定在玩偶身上，所以要小心地用筆刀割開領帶與衣服黏接的部分，請注意不要傷到衣服及身體（圖A）。將衣服拆下後，依序將玩偶的四肢和頭部與身體分離（圖B）。

2.裝上伺服機

　　在裝上伺服機之前，必須先決定玩偶的動作，因為初音玩偶的手並不像人一樣擁有手腕及手肘等關節，所以需將動作簡化成只有上下與左右擺動，所以一隻手會需要用到兩顆伺服機。決定完動作及伺服機數量後，則開始決定要如何將二顆伺服機組合在一起。在考慮擺動方向與手臂的組裝空間後，我打算把一顆伺服機的底部接在另一顆伺服機的旋臂上（圖C），則會導致空間不夠的情況，將控制手臂上下擺動的伺服機放在上方，控制手臂左右移動的則放在下方。若從玩偶側面觀看，則會看到如圖D的擺放方式。

　　由於伺服機本體並沒有任何連接點或是可鑽孔的部位，所以我們需要利用3D印表機來列印組合件，以便將同一隻手的兩個伺服機組合在一起。而玩偶的內部是用棉花和布所組成的，並沒有合適的位置及力量可以用來支撐伺服機，所以也需要製作玩偶內部的骨架。因為玩偶的手部形狀類似橢圓柱，所以我將手部伺服機骨架設計成半橢圓狀，並預留用來與伺服機旋臂相接孔洞（圖E），骨架與伺服機連接後則如圖F所示。

3.如何控制手臂的擺動

　　待伺服機與骨架裝好後，下一步就是要讓手臂擺動了。我選用Arduino Mega ADK來控制，你可以參考我的電路圖來連接伺服機（圖G），輸入範例程式後，就可以讓兩個伺服機在指定角度內來回擺動。

```
#include <Servo.h>
//引用Servo函式庫，內有關於伺服馬達相
關的指令以便呼叫
```

A

B

C

D

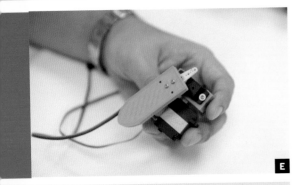

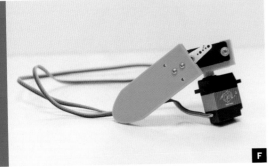

E

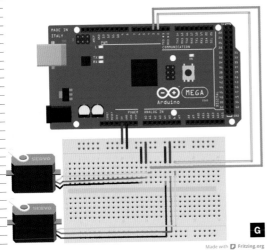

F

```
Servo  myservo_1;
Servo  myservo_2;   //定義二個馬達的名稱
void setup(){
    myservo_1.attach(2);
    myservo_1.write(0);   //1號馬達接於
Pin2，起始角位為0度
    myservo_2.attach(3);
    myservo_2.write(0);   //2號馬達接於
Pin3，起始角位為0度
}

void loop ( ){
//進入迴圈，此迴圈內的動作為讓伺服馬達
往返動作。
        for(int i=0;i<180;i++){
        myservo_1.write(i);
        myservo_2.write(i);
        delay(5);
}
for(int i=180;i>0;i--){
        myservo_1.write(i);
        myservo_2.write(i);
        delay(5);
}

}
```

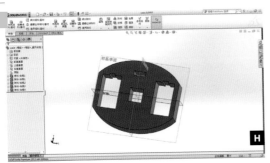

G

Made with ⚡ Fritzing.org

H

4.裝上玩偶的外觀

　　雙手完成後，接著是將其裝回玩偶的身體裡，要在小小的身體內找到位置裝設伺服機是一件不容易的事情。必須要考慮到兩組伺服機之間的距離及伺服機堆疊之後的高度。

　　假若兩組伺服機的間距過於靠近則容易導致伺服機互相碰撞，若間距抓得太遠，又會讓初音玩偶腰部突出伺服機的外型讓造型不美觀。另外，也必須考慮伺服機的高低，以初音玩偶為例，伺服機裝得太高會卡到玩偶的頭，使得往上的動作不夠明顯。

　　架設伺服機的距離決定好了之後，再來就是要製作固定伺服機的底座（也就是玩偶內部的骨架），由於需要放置在玩偶的腰部，所以設計的大小不可以超過玩偶的裙子，設計圖檔如圖H所示。

　　在長方形開口上方的小開口是為了使伺服機

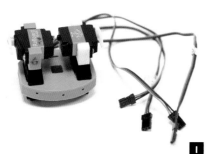

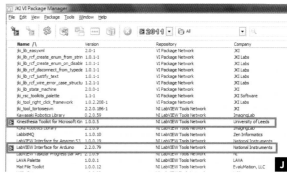

線路方便穿過，而中間的方形洞則可用來連接日後預計改造的腳部與頭部（圖I）。

5.玩偶的控制

為了要增加趣味性與互動效果，特別增加了遙控功能。要控制初音玩偶，可以使用PS搖桿及Arduino開發板來控制，請先按照圖G將伺服機接至Arduino上，並將PS搖桿接收器接至NXSHield的BBS2端口上。以下的程式可以用來測試玩偶的雙手控制結果。

更進一步

如果你覺得這樣還不夠，可以利用Kinect體感裝置來增加功能，使得初音玩偶可以跟你做相同動作了。我是使用LabVIEW搭配Kinect模組來達到這樣的效果，你也可以使用C或C++這類的程式語言。

如果你要使用LabVIEW，先到JKI官網（jki.net/vipm）下載VIPackage，並將安裝。安裝完成後啟動VI Package Manager，並選擇LabVIEW版本。選取Kinesthesia Toolkit for Microsoft Kinect以及LabVIEW Interface for Arduino並且安裝（圖J）。 ◢

薛皓云，就讀國立臺灣海洋大學機械與機電工程學系，現任CAVEDU技術長兼業餘講師，專長為Arduino+AppInventor整合運用及動手創作物品，也是一位以做出實體初音未來為目標的技術宅。
jock36.blogspot.tw

絞盤風箏捲線器

Capstan
Kite
Winder

讓不礙事的捲線器變成你放風箏
的最佳幫手

Albert den Haan

文：亞伯特・登・漢　譯：曾吉弘

✎ 時間：幾小時　　✎ 成本：40～50美元

✚　手持式「環狀」風箏捲線器只要轉一圈便
可收回一大段線，但是面對力量比較大的
風箏時就沒那麼好用了。這個DIY捲線器可以利
用絞盤——一個具有長曲柄的小滾筒來增加槓
桿效果，同時也保護捲線器不會因拉力而損壞。
用五金行的各種材料便可輕易製作，也能拆開便
於攜帶，甚至可以加上輔助動力。

絞盤需在風箏線較「鬆散」的尾端增加張力，
以避免捲線時捲出圓環外。這個捲線器利用了一
個可調整的「滑動離合器」來提供絞盤適當的張
力，讓你可以集中精神在風箏上，而不用為了捲
線器分神。

你可以只用捲線器的環狀部分來操控風箏飛
行，等到要收線時才將其裝回捲線器上。它的長
型雙T結構可以讓你輕鬆靠在髖關節上，曲柄則
具有高效率或是高轉速兩種收線模式可供選擇。
你可以使用捲線器同時整理好幾條風箏線，而在
放風箏時只需要使用較輕的環狀捲軸就好。

1.製作把手

切下一段木樁作為主把手（中心軸），長度可以參考自己手肘
到手腕的距離，以及上下兩條6"長的橫桿。

依照圖A（下頁）所示，用膠水組裝木樁，並將#6螺絲鎖入預
先鑽好的7⁄64"孔洞中。上方的橫桿只需在絞盤那一側留約1"長；
下方的橫桿則置中組裝。

2.製作絞盤滾筒

將割草機輪子上的輪胎拆下來。將用來捲線的輪轂內側所有突
起磨平，一些比較細微的顆粒可以留下，以增加捲線效率。

如果中間軸心超出輪轂邊緣，就將
它裁切至與輪轂齊平。把軟管裝進
軸心，同樣也裁切至與輪轂齊平。

接下來，沿著軸心直徑鑽出一個插
入開口銷孔洞。若你的鑽頭不能直接
鑽，你可以用鋼絲衣架彎曲的前端，
這種做法可讓你在軟塑膠或木材上進

替代方案：若
想要組裝得更牢固，可
使用1"鑽頭在中心軸
的上下兩端做出「鳥嘴
型」的曲線，讓上下兩
個橫桿得以貼齊固定。

材料

» 硬木樁：直徑1"或1"方形，長3'至4'
» 木螺絲，#6×1½"（2）
» 木膠
» 螺栓，5⁄16"×4"
» 洋眼螺絲：1⁄8"×3⁄4"×2"（3）
» 合板 或PVC珍珠板，閉孔式：1⁄8"
　×8"×11"，像Sintra或Lite-Ply這種材
　質。
» 鋁條：1⁄16"×1"×10"
» 聚胺脂發泡板：厚1½"～2"：例如內
　裝用泡棉。大約可做成一圈放入你的
　捲軸中。
» 割草機的輪子，6"，需有硬質塑膠輪
　轂：例如Arnold商品編號#490-320-
　0002。輪轂直徑需小於4"，這樣輪框
　外壁才會高於輪框軸心。
» 螺栓，#6×1½"，附有尼龍螺帽：或
　是有六角螺帽與開口墊片。
» 薄墊片，內徑5⁄16"（1～4）：準備各種
　不同厚度以填補空隙。
» 插銷，5⁄16"×1-5⁄16"：又名髮夾、開口
　銷或R型銷。
» 蝶形螺帽，5⁄16"
» 六角螺帽，5⁄16"
» 平墊片，內徑5⁄16"（4）
» 平墊片，內徑3⁄16"（至少2個）
» 橡膠墊片，內徑5⁄16"×外徑1½"
» 塑膠軟管或其他管子，外徑5⁄16"×內徑
　1⁄4"，長2"：直徑小於5⁄16"的幾乎都可
　用。
» 鞋帶或細繩：至少18"
» 圓形抽屜握把（2），附有固定螺絲：用
　來當做捲軸把手。
» 半徑至少4"的環狀捲線器以及風箏線
　注意：捲線環的最小直徑必須大於割草
　機輪轂的直徑。
» 開口銷，1¾"
» 石墨潤滑劑

工具

» 木鋸
» 電鑽與鑽頭：5⁄16"、7⁄64"、3⁄32"、5⁄64"
» 鑽頭，1"（非必要）：也可選擇與你的
　木樁相同直徑的，來製作鳥嘴型結合點。
» 螺絲起子
» 銼刀
» 鋼鋸
» 中心衝
» 老虎鉗
» 用來切割圓盤的線鋸機
» 砂紙
» 美工刀
» 鉗子

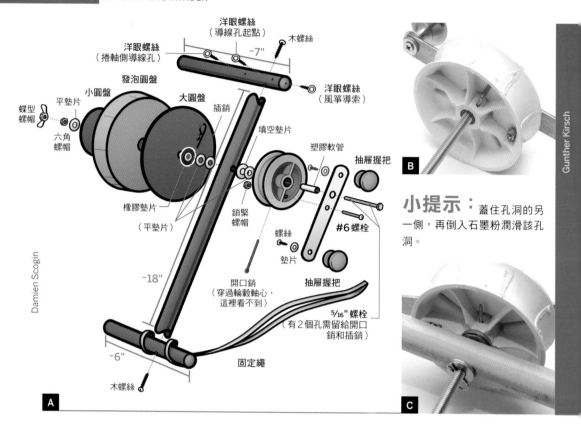

洋眼螺絲
（導線孔起點）

洋眼螺絲
（捲軸側導線孔）

木螺絲

~7"

洋眼螺絲
（風箏導索）

發泡圓盤

小圓盤

大圓盤

插銷

蝶型
螺帽

平墊片

填空墊片

塑膠軟管

抽屜握把

六角
螺帽

B

橡膠墊片
（平墊片）

鎖緊
螺帽

螺絲

墊片

#6螺栓

抽屜握把

~18"

開口銷
（穿過輪轂軸心，
這裡看不到）

5⁄16"螺栓
（有2個孔需留給開口
銷和插銷）

~6"

固定繩

木螺絲

A

Gunther Kirsch

Damien Scogin

小提示： 蓋住孔洞的另
一側，再倒入石墨粉潤滑該孔
洞。

C

行手動鑽孔。

3. 製作曲柄

裁切鋁條，將它裝設在輪轂的面側，並朝一端延
伸3"長。在距兩端各鑽兩個3⁄8"的握把螺絲孔。再
鑽一個5⁄16"的孔用來鎖上穿過軸心的螺栓，這樣一
來，曲柄就整個固定在輪轂的側面上了。

在鎖上握把時，請墊上內徑3⁄16"的墊片，使其旋
轉時不會搖晃或卡住。愈靠近軸心的握把是低效率
模式，離軸心較遠的握把則是高效率模式。

4. 製作軸心

用5⁄16"的鑽頭鑽穿已裝有軟管的軸心，使得5⁄16"的
螺栓可以輕易地裝上與卸下。

將螺栓穿過曲柄把手和輪轂，接著利用軸心上的
孔來標記預留給開口銷的位置，再將螺栓取出。

在標記的位置上使用中心衝做記號，用鉗子固定
螺栓，並在上面鑽孔，孔的大小大約5⁄64"差不多能
讓開口通過即可。

5. 組裝絞盤

在曲柄與輪轂上鑽一個貫穿的孔，在靠近輪轂邊
緣處安裝一個#6螺栓及鎖緊螺帽，這可以幫助傳遞
曲柄的力矩到輪轂上。

裝上開口銷，讓絞盤與軸心緊密接合（圖B）。

6. 在把手上鑽孔

用組裝好的絞盤在主把手的上部定出5⁄16"孔的位
置，避免讓你的手與曲柄接觸道頂端橫桿以及其他
堅硬組件。

將上方橫桿的一側鑽出一個5⁄16"的孔，再用石墨
粉做潤滑。

7. 裝上插銷

沿著絞盤軸心陸續裝上平墊片，填空墊片，主把
手和兩個稍厚的墊片。接著在軸心螺栓上標記預留
給插銷的鑽孔位置。考慮插銷的厚度，所以請在最
後一個墊片與鑽孔位置之間保留一點距離。

取下螺栓，像剛剛為開口銷鑽孔一樣在螺栓上鑽
孔。在新的孔重新裝上插銷，借此將輪轂固定在把
手上。依據情況添加或更換墊片，以確保不會鬆脫

（圖C）。

8.製作圓環轉接頭

用PVC板或合板切
出兩片1⁄8"的圓盤：
一片要比環狀捲軸的
內徑洞口小一點；另
一片則比環狀捲軸的外徑
大一點。將邊緣磨平，然後在
兩片圓盤的中心處都鑽一個5⁄16"的孔。

剪下一片可以緊密塞入環狀捲軸內的發泡圓盤，
並在中心鑽出或是挖出一個5⁄16"的孔。

接著，沿著軸心依序裝上橡膠墊片、大圓盤、
發泡圓盤、小圓盤、平墊片以及5⁄16"六角螺帽。將
螺帽栓緊，以確保所有的圓盤都會跟著軸心一起轉
動，但只要使用大拇指就能停止旋轉。

現在，將蝶型螺帽靠著六角螺帽旋緊，以防止滑
動離合器鬆脫或過度旋緊。

9.加上導線孔

將三個連成一線的洋眼螺絲稍微轉動，使它們
的位置稍微有點錯開，這樣風箏線一樣可以沿著導
線孔移動，而不至於纏繞在一起。至少將一個往左
偏轉，一個往右偏轉，這樣捲線時會更加容易（圖
D）。

鑽出3⁄32"的導線孔，在依照圖示鎖上洋眼螺絲，
讓風箏導索沿著絞盤外側平面。接著在靠近絞盤最
裡面的平面處鎖上洋眼螺絲當作導線孔起點，其位
置會稍微高於橫桿上方一些，再對準環狀捲軸的中
心點安裝捲軸導線孔。

10.加上固定繩

將固定用的繩索綁在下方橫桿上，這樣它就可以
扣住高效率握把，藉此固定住天上的風箏。

實際操作

若要收回你的風箏，就將圓環裝到發泡轉接器圓
盤上，並往回捲線，如以下步驟：

- 用你位於絞盤側的手拉住上方橫桿的線。將環
  狀捲軸固定到發泡圓盤上，將線從下方拉出，
  再將線穿入捲軸側導線孔。
- 換手，將線穿入絞盤的導線孔起點，照著環
  狀捲軸方向繞著絞盤纏3至4圈，然後對著
  風箏的方向拉出風箏線。你可以在這個網站

觀看實際操作過程：makezine.com/go/
capstanthread。

- 必要的時候可以旋轉調整導線孔的位置，接著
  將大塊頭拉回來吧。

如果你想要更強力的收線效果，在無線鑽頭上夾
一個托座來帶動軸栓吧！ ◪

亞伯特‧登‧漢（Albert den Haan）他杰和航海、風箏、
機械技術與日常生活素材拼湊出他在渥太華度過的每個夜
晚。個人網站：hackingonkitebits.blogspot.ca。

Albert den Haan

Shrink-Film
Gaming Minis

熱縮片遊戲角色立牌

文：尚‧麥可‧雷根
圖：奈特‧范‧戴克
場景製作：泰‧海克
譯：曾吉弘

Gunther Kirsch

⚔ 時間：1～2小時　⚔ 成本：10～25美元

材料

» 熱縮片，可用噴墨印表機印製的那
種，8.5"×11"（5）：我對於所謂
的「透明」款感到非常失望（在熱
縮之後其實根本不透明），所以我推
薦「白色」款。
» 長尾夾，寬1.25"（12）：例如Acco
牌的「中型」款。

工具

» 廚房烤爐
» 電腦、噴墨印表機以及墨水
» 裁紙機：雕刻刀。
» 剪刀
» 烤盤紙
» 一片硬紙板，可搭配烤盤紙的大小。
» 油漆筆（非必要）：任何顏色皆可。

比雕刻品快、比硬紙板堅固、
做起來樂趣更多。

➕ 即便現在已經是虛擬遊戲的時代，還是有人
喜歡玩桌上遊戲。現實世界的戰爭遊戲與多
人線上遊戲可說是天差地遠，就算有即時語音對談
也是一樣。如果說 Eve Online或Xbox Live有點像
是與你的朋友坐下來一起看電視，那麼大家真的齊
聚一堂玩卡牌遊戲就像是開派對。操作實體遊戲道
具所得到的滿足感是虛擬物件所做不到的。

許多桌遊玩家因為種種原因，到最後會開始自製道具。他們可能
是針對某個現有遊戲自製一支軍隊，或是從頭開始發明新的遊戲。
老方法是用畫上圖案的硬紙板「小片」，讓它可以平躺在桌面或直立
在簡易底座上。如果是完全「立體的」道具的話，你可以購買3D人

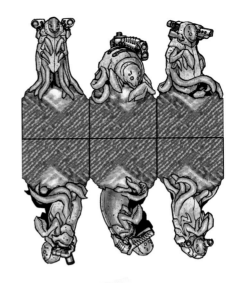

形商品並根據你的喜好來修改。如果時間夠充裕的
話，你可以自行雕刻出專屬角色立牌，甚至（近幾
年）將它們3D列印出來。

用熱縮片製作設計原創角色立牌是一種還不錯的
折衷作法，介於便宜的硬紙板切割與全尺寸雕像之
間。熱縮塑膠比紙板耐用的多，並且與傳統的立牌
相比，在軟體設計過程中如果犯了美術上的小錯誤
也沒關係，要補救也算簡單。

想要試試看嗎？繼續看下去吧。

設計你的角色立牌

確認一下説明書上熱縮膜的收縮程度。如果是會
收縮50％的熱縮片，代表設計圖樣要以兩倍大印
製，各面的尺寸都是一樣的做法，這樣才會正好是
我們希望的角色立牌尺寸。

如果要讓角色立牌能在加裝底座上站得直挺挺
的話，請確保每張圖底部都要留個空白的「邊」，
這樣裝上底座時才不會把圖案蓋掉。舉例來説，
中型長尾夾會占掉大約1.25"×¾"的寬度，假設
收縮程度為50％的話，每張圖的底部就會被占掉
2.5"×1.5"的邊。

如果你不想自行設計角色立牌，或只是想試試看
這種方法的話，我們提供了Ground Zero Game
公司出產的「Stargrunt II」這款超棒開放原始碼
科幻戰爭遊戲中各兵種的正反兩面圖檔。請由
makezine.com/36下載可直接列印的圖檔。

1

1.把它們印出來

熱縮會讓圖片的顏色飽和度增加，所以它們在印
製之前要先將亮度調高一點，以免印出來的顏色太
暗。有些印表機可以在顏色設定對話框調整亮度，
或是使用像GIMP與Photoshop這種專業影像編
輯軟體也可以。我們測試過在印製之前將亮度調高
50％的效果最好，但是在大量印製之前還是先試一
下比較好。

2.裁切它們

你要把外觀弄得多複雜都可以，但別忘了你要剪
出非常多個，因此請避免過度複雜的邊緣與內部開
孔。方形或長方形是最簡單的。傷兵與其它的「平
整」兵種就能這樣設計，或使用搖臂式裁紙機來快
速大量裁切。

2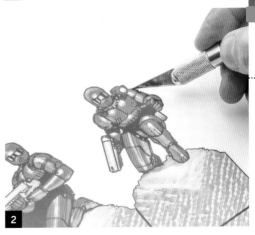

3.熱縮它們

每種熱縮片的收縮時間與溫度都不同。我用的熱
縮片在預熱到150℃的烤箱中每批的收縮時間大約
是10分鐘。

當它們收縮時看看這些熱縮片。它們會先捲曲
然後重新攤平——有時候不會完全平整，如果發生
這種狀況的話，在它們還是熱的時候用抹刀的背面

輕輕壓住它們。要做其他處理之前先讓它們冷卻下來。

4.最後修飾

我發現黑色的邊緣會比什麼都沒做的邊緣來得好看。油漆筆會比麥克筆來得好。

5.加裝底座

底座可以用長尾夾來加強。你可以參照以下一連串的照片來製作。首先，在每個角色立牌的底部夾一支夾子，剛好蓋住角色立牌底部的空白邊。接著壓住夾子拆掉兩邊的金屬把手。彈簧會把角色立牌固定得很牢固，藉此形成底座。

更進一步

如果你的印表機有辦法很精準地雙面列印的話，就能在熱縮片兩側印出對稱的影像來製作雙面角色立牌。你可以為了美觀在兩側都用相同的設計，或在背面設計「受傷版」或「戰損版」。☑

尚·麥可·雷根（Sean Michael Ragan）是《Make》雜誌的技術編輯。他的作品可見於《ReadyMade, c't- Magazin für Computertechnik》以及華爾街日報。

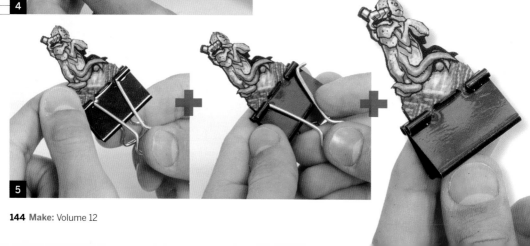

史奎‧惠普爾和桁架橋

Squire Whipple
and the
Truss
Bridge

建造開啟
鐵橋建築時代的
簡單桁架橋

文：威廉‧葛斯泰勒　譯：DANA

Gregory Hayes

⚞ 時間：1～2 小時　⚞ 成本：10～15 美元

我想所有的機械、土木和航太工程師都跟我一樣，在開始接受工程師教育的初期，就已經學會如何分析結構。工程師的教育中一定有一門稱為「靜力學」的課程，這門課程教導工程師們如何判定壓縮力或拉力對建築物每一區塊所產生的力量、大小和方向。有了這個基本知識之後，在設計建築物時，我們就可以計算出建材所需的正確的尺寸、形狀和厚度。

在靜力學中，我們也學到關於建築元素的知識，例如拱、梁、橋墩、桁架和拱頂。在各種建築元素之中，桁架是最重要的元素之一，廣泛地應用於建築設計之中。將數個三角形以螺栓固定在一起所組合而成的堅固框架就是桁架的最簡單形式。三角形本身就具有堅固穩定的特性，用三角形組合而成的結構自然也很堅固穩定，而且這種結構的重量較輕。

材料

» 工藝棒或壓舌板，6"×¹¹⁄₁₆"（100）
» 磚塊，標準尺寸，2¼"×3¾"×8"（2）
» 輕木質板材，⅛"×4"×16"

工具

» 美工刀
» 尺
» 熱熔槍和熱熔膠
» 片狀砝碼或混凝土塊（非必要）：用於測試結構強度。

布魯克林大橋

第一個想出桁架設計的人是誰呢？雖然古希臘人在很多領域上都有創新的發明，但毫無疑問的，他們在建築設計上很少使用三角形桁架，甚至可以說完全沒有使用到三角形桁架。那麼發明者是羅馬人嗎？羅馬人似乎有稍微使用三角形桁架，但是流傳至今日使用桁架的羅馬建築物實在是少之又少。

設計大小教堂的中世紀建築師或許不清楚三角形桁架的科學原理，不過他們的經驗使他們仍然知道如何使用三角形桁架，證據就是很多早期的歐式建築都有使用木製三角桁架支撐屋頂。不過，桁架最有名的應用是在於修建橋梁。

桁架在橋梁設計上的應用應該歸功於紐約土木工程師史奎‧惠普爾（Squire Whipple，1804～1888）。他發展出第一套桁架分析和設計的科學方法。1847年，惠普爾的《橋梁修建研究（A Work on Bridge Building）》著作出版了，這本書徹底改變了土木工程。由於惠普爾的研究，從此建築師和工程人員不再使用「經驗法則」來猜測支柱或橫梁的適當大小，而可以推測出支柱或橫梁的確切大小了。惠普爾提出一個將力向量圖形化的方法，他稱之為「力的多邊形」。即使對三角函數或三角學一竅不通的工程師也能使用這個方法，安全且便宜地設計可行的桁架橋梁。

魁北克大橋

惠普爾的拱橋以鑄鐵桁架搭建，這種拱橋成為伊利運河上的標準橋梁。為了感謝惠普爾對橋梁建築的貢獻，美國土木工程師協會特別頒發「美國鐵橋搭建之父」的稱號給惠普爾。

惠普爾的著作在土木工程界掀起一陣旋風。不久更開啟搭建鐵橋的極盛時代。你可以在橫跨科羅拉多河的納瓦荷大橋、尼加拉瓜大瀑布上的惠爾普大橋和聖勞倫斯河的魁北克大橋這些橋的橋拱上，清楚看到三角形的結構。但是隱藏式桁架設計也是懸掛和懸臂式橋梁的重要組成元素之一，最有名的例子就是美國紐約的布魯克林大橋。

惠爾普大橋

華倫式桁架

最簡單的桁架橋是豪威式、普拉特式和華倫式桁架，這些類別分別根據這些桁架橋的設計工程師而命名。1848年，英國工程師詹姆斯‧華倫（James Warren）設計出第一個桁架橋，整個桁架橋純粹只由等邊三角形組成，這些等邊三角形的一個角朝上，而另一個等邊三角形的一角朝下，然後重疊這兩個等邊三角形相鄰的兩邊。所有相鄰的等邊三角形都像這樣互為顛倒。這種工程結構實在是再簡單不過了。華倫式桁架很可靠，用它可以蓋出容易搭建、堅固、相對來說比較輕巧的橋梁。1850年，史奎‧惠普爾設計了美國第一座華倫式桁架橋。

納瓦荷大橋

這個專題九是要教你製作一個華倫式桁架橋的模型。這個模型輕巧且堅固，可以乘重超過100磅。

建立華倫式桁架橋
1.切割角撐板
用美工刀切割輕木質板材，切出14塊邊長為2"的正方形（圖A）。

Gunther Kirsch

A

2.建立2個桁架
如圖B所示，用膠帶將7個角撐板貼在工作桌面。使用熱熔膠將工藝棒黏在角撐板上並注意連接點是否乾淨整齊、工藝棒是否形成整齊的等邊三角形（圖B）。

等熱熔膠將工藝棒固定好之後，將桁架翻轉到另一面，用如上所述相同的方式在另一面黏上工藝棒，這樣可得到相較於只黏貼單面時兩倍的強度。

使用與上述相同的方式繼續建構第二個桁架（圖C）。

桁架上方和底部的部分稱為「弦桿」。而固定上下弦的傾斜支柱稱為「網桿」。如果你採用史圭・惠普爾提出的「力的多邊形」分析桁架的每一塊組件，你會發現，桁架受力最大的部位是在橋中央的頂部和底部弦桿。如果你想要的話，可以在這些支點上多黏一塊手藝棒以增加強度。

B

C

3.添加支柱和支撐架
將磚塊放在工作桌面上，每磚塊間隔4"，記得磚塊較長的那一面互相平行。讓每個桁架各自垂直靠著一塊磚塊豎立，然後將3個網桿貼在磚塊上。

然後如圖D和圖E所示，將支柱（我們稱與弦桿垂直的支撐架為「支柱」）和支撐架黏在兩片桁架的頂部和底部，使兩片桁架平行。桁架必須完全垂直於支柱和支撐架，這是非常重要的。只要稍為傾斜一點點，就可能導致橋梁提早倒塌。

最後，在橋的兩端加上支撐架（圖D）。

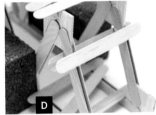
D

Howe Truss

Pratt Truss

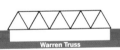
Warren Truss

測試你的桁架橋
1.將磚塊放在地板上，每磚塊之間的間隔距離為14"。

2.將橋的兩端放在磚塊上（圖E）。

3.將重物放在橋上！你可以使用混凝土塊、片狀砝碼、一桶水或其他任何平坦且很重的東西（圖F）。慢慢漸進式的增加重量，不過記得不要將手指和腳趾放在橋下的區域。均勻地重量分布可以讓你的結構承載更高的重量。

4.這是你的橋梁，所以你可以視測量最高承重為目標，一直不斷增加重量直到橋梁斷裂，或者你也可以將這座橋油漆得漂漂亮亮並像別人炫耀，這座橋能夠證明你也可以是個工程師。↗

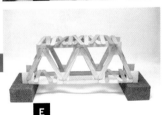
E

F

William Gurstelle

威廉・葛斯泰勒（William Gurstelle）是《Make》的特約編輯。他的著作《後院彈道學（Backyard Ballistics）》已經出了增訂版，內容涵蓋更廣，你可以在Maker Shed（makershed.com）找到這本書。

雷射投影顯微鏡
Laser Projection Microscope

雷射光筆＋一滴水＝微生物電影院

文：尚·麥可·雷根　譯：DANA

✎ 時間：1小時　✎ 成本：15美元或更多

我受到亞當·慕尼黑（Adam Munich）在網頁上分享他自己動手做的雷射顯微鏡（makezine.com/go/tera-volt）所啟發，因而開始這個專題計劃。我很快就發現，這個專題可能是所有專題中，數一數二能讓你的投資物超所值的專題。無論你是一個科學家、科學教育家或者只是一個聰明好奇的業餘玩家，你真的一定要自己動手試試看。一個常見的雷射光筆加上一滴髒水，然後，你的牆壁上就可以出現蠕動的巨型微生物了！

最棘手的部分是要將雷射、投影表面和未掉落的水滴這三項東西對齊在同一直線上。本文介紹的這個支架非常簡單，只需要隨手翻翻垃圾箱，找出裡面的雜物就可以製作，但是有了這個支架之後，你就能夠輕鬆對齊。將便宜的鋼吸上超級磁鐵，再將雷射光筆和注射針筒放於鋼夾內，這樣就可以很容易地將支架上的所有零件調到適當位置。

材料

» 重型安裝基座，約6"長：建議選用木頭材質較佳。
» 角撐，鍍鋅鋼材質，可耐重，腳長4"～6"，第三側呈三角形：如史丹利（Stanley）產品編號 # 755565。
» 雷射光筆：我使用威克雷射（Wicked Laser）30mW的綠色雷射。MAKE實驗室用過便宜的5mW雷射光筆，效果也很好。如果雷射光筆能夠持續開或關會更好使用，但這項功能並非必需的（而且有此功能的雷射光筆在操作上較危險，因為當你不小心弄掉雷射光筆時，光筆不會自動關閉）。使用常見的DPSS雷射光筆也可以。
» 不鏽鋼管夾，乙烯塗面（2）：可固定雷射光筆的位置，如KMC零件編號 # COV1109Z1。
» 附鈍針的注射針筒，5mL～10mL：我是從一個從噴墨墨水盒補充包中取得注射針筒。
» 將掃帚固定在牆上的掃帚夾：夾孔寬度要小到足以放置注射針筒。
» 稀土磁鐵，圓盤狀或環狀皆可（3）：我使用麥格工藝（Magcraft）零件編號 # NSN0587。
» 平墊圈，# 8（1-4）：將雷射與支架隔開。
» 液體樣本：我使用排水溝中的積水。
» 螺絲（2）：將支架安裝於底座時使用。MAKE實驗室使用盤頭木螺絲和木質基座。
» 瓶蓋

工具

» 尖嘴鉗
» 剪刀或鑽頭
» 螺絲起子
» 護目鏡：應使用適用於你的雷射光筆強度的護目鏡。

Gunther Kirsch

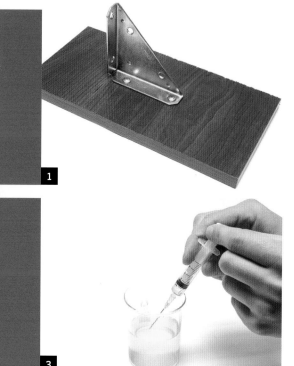

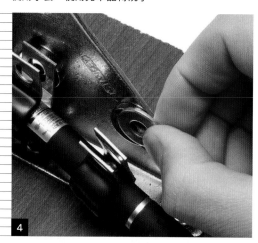

1. 安裝角撐

剪一段與角撐一邊等長的安裝膠帶。將膠帶貼在角撐上,再將角撐黏裝於基座。或者你也可以在基座上鑽出孔洞後用螺絲安裝角撐。

2. 組裝安裝夾

用一個磁鐵和一個掃帚夾將製作出注射針筒夾。

兩個雷射光筆夾各自由一個磁鐵和一個不鏽鋼管夾所組成。就這樣就完成了!

注意:處理注射針筒時要特別小心。請使用有蓋的鈍針,不使用注射針筒時,務必記得將蓋子蓋好。如果你沒有蓋子,將針尖塞在葡萄酒瓶的軟木塞中也可以。

不要低估積水或化糞池水的潛在危險性。處理時要使用手套,使用完畢記得洗手。

3. 裝滿注射針筒

我一開始大費周章的取用排水溝中的廢水,不過後來發現其實不用那麼麻煩,用花盆裡的水其實可以達到一樣有趣的效果。

將1mL水樣本裝入注射針筒內,你可以將針頭浸入水中,然後慢慢拉起注射針筒柱塞來裝滿它。

4. 組裝

將注射針筒夾裝到支架的直立手臂上。移動吸鐵時盡量不要「敲到」金屬支架,因為這些吸鐵其實比你想像中容易破裂。

將雷射光筆安裝於兩個夾子中,然後裝到三角形豎板上。再將雷射光筆的鏡頭對準直立支架上的孔

小祕訣:使用某些雷射光筆時,你剛好可以用不鏽鋼管夾按住雷射啟動鈕,維持發出雷射的狀態。

洞。在磁鐵和夾子之間加入墊圈，以調整兩者間的間隔寬度。

將裝滿髒水的注射針筒裝入注射針筒夾內，將注射針的尖端對準於雷射光筆鏡頭前方。

將瓶蓋放在注射針筒下方接住落下的水滴。

5. 可以使用啦！

戴上波長和功率符合雷射光筆的護目鏡。將投影機放置在平坦的表面上，高度為腰部以上，距離投影呈像平面約5～10英尺（影像會聚焦在無限遠之處，因此，你要權衡投影圖像大小和雷射功率，在兩者之間選擇最適當的距離）。

啟動雷射，並調整支架或雷射夾的位置，目標是將雷射光點集中於投影表面。

輕輕壓下針筒注射器在針尖擠出一滴液體。

小心避免直視雷射光束，調整注射針筒的位置，直到水滴位於雷射光束正中心。從投射出來的影像可以清楚判定是否水滴位於雷射光束的正中心。當你調到正確位置時，投射影像中的亮點會幾乎完全消失，而顯微圖像會出現。調整好之後就請你坐下來好好享受年度微生物大戲吧！

更進一步

就我所知，這個想法最早是由葛拉德‧潘尼西客（Gorazd Planinsic）於2001年發表於物理學教師期刊，文章的名稱為「水滴投影機」（你可以在 makezine.com/go/planinsic 取得免費的PDF檔案）。在這篇文章的第20頁，作者提供一個根據液滴的半徑、折射率和與銀幕距離計算近似放大率的公式。

文中也建議可以將藍色和紅色雷射同時聚焦於同一滴液體，再用紅色或藍色的3D眼鏡觀看，就會有3D投影的效果。根據我自己使用單色投影儀進行實驗後的經驗，要讓這種3D投影設備的每個零件對準會很困難。不過並非不可能！

MAKE實驗室使用5mW的紅、綠和紫色雷射測試這個專題，我們發現綠色在亮度和投影距離方面的表現最佳。我們無法判斷不同波長是否會影響圖像的清晰度，需要使用更高功率的雷射才能夠得到更清楚的資訊。請你自己動手實驗看看吧！也可以在 makezine.com/go/laserprojection 與我們分享你的發現。◪

尚‧麥可‧雷根（Sean Michael Ragan）是《Make》的技術編輯。

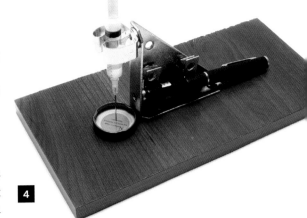

4

小祕訣： 如果你的投射影像中有很多雜訊，而且若旋轉雷射光筆夾時，雜訊也會跟著旋轉，這可能表示雷射光筆的鏡頭上有灰塵。我使用棉花棒沾酒精擦拭鏡頭，投射影像的品質瞬間如奇蹟般的變好非常多。

5

注意： 為了有效產生投影，本專題需要三級雷射，輸出功率範圍為5mW～500mW。這些雷射對視力會有危害，除非你配戴適當的護目鏡，否則不應使用這些雷射光筆。絕對不要直視雷射光束，並應提防雷射由發亮表面反射的危險，發亮表面可能包含投影機本身使用的金屬零件。

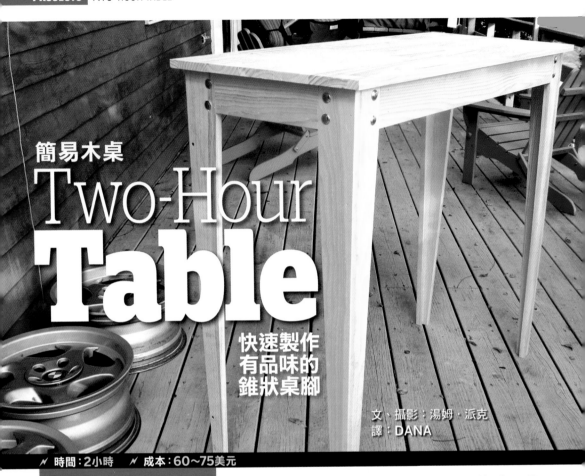

簡易木桌

Two-Hour
Table

快速製作
有品味的
錐狀桌腳

文、攝影：湯姆・派克
譯：DANA

✎ 時間：2小時　　✎ 成本：60～75美元

材料

» 實心松木板，窯式烘乾，¾"×20"×
48"：邊緣膠合的指接拼板。
» 松木板，規格1×4、8'長（7）
» 車架螺栓，2"×⅜"（16）：每個螺栓
配有螺母、平墊圈和鎖緊墊圈。
» 木螺絲，1¼"（20～24）
» 木膠
» 雙腳釘，16號線規，1½"

工具

» 切割鋸：又稱斜切鋸。
» 臺鋸
» 錘子或有加壓裝置的雙腳釘釘槍
» C型夾
» 木工角尺：又稱鋼角尺。
» 直尺
» 螺旋鑽和埋頭鑽
» 螺絲起子
» 扳手或套筒扳手組

✚ 　你可能聽過一種說法：「我們可以把你要的東西做的快、品質好或者便宜。請選擇其中兩個。」不過，我喜歡又快、品質又好「而且」又便宜的東西。我希望能做出同時滿足這三項要求的桌子。

　　我想要一個耐看的桌形，搭配優雅的錐狀桌腳，還要可以耐重，而且桌子本身的重量不超過一把一般的木製椅子。我在下班後從木材場將便宜的現成材料搬上車，希望可以在天黑之前完成一張桌子。這樣算起來，從第一片木屑飛揚開始到最後的清理收拾工作，我大概只花了2小時的作業時間。

1.選購材料

　　我從收膜包裝、邊緣膠合的指接窯乾式松木板開始，厚度為¾"，尺寸為48"×20"。這些「方便使用的」現成面板非常適合某些專題使用。它們耐用、不會脫層、不像膠合板需要磨平邊緣，而且還幫你裁成方形的，可以當成建造桌子其他部位零件時的參

A

小祕訣：時間會讓木材逐漸受損。我會建議選擇耐用且能夠愈用愈美的木材，這就是為什麼我不使用單層板和層壓板的原因。堅硬的木材比較耐用，也才能夠經得起經年累月的修補。而且，我真的超喜歡在這專題中使用到的木材填充劑、底漆和油漆。塗上底漆和油漆之後，這張桌子可以用上幾個世紀呢！

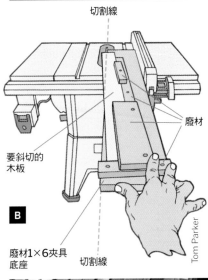

切割線

廢材

要斜切的木板

B

廢材1×6夾具底座　　切割線

Tom Parker

考標準。

我還隨手抓了7片規格為1×4、長8英尺的松木板，和16個2"×⅜"的含墊圈和螺母的車架螺栓。與一般按個數計價的零售商店相比，如果你去批發店或在秤重計價的零件賣場購買這種螺栓，你可以節省很多錢。

2. 鋸木板

我把臺鋸和切割鋸從車庫推到車道上，這樣可以盡量減低事後清理室內的時間。

我將4片8英尺長的1×4松木板夾在一起，我只需要鋸三下就可以做出製作桌腳所需要的8片木板（圖A）。桌腳的長度是多少呢？隨你高興！只要這8片木板的長度一致就好了。我最後決定的長度為41"，這樣我之後就可以利用倉庫裡幾個兩端為方形的廢材充當暫時安裝木片。

3. 做一個錐形夾具

我超愛錐形夾具。你只需要花幾分鐘就可以做出錐形夾具，像這個專題，從頭到尾你都可以用眼睛目測就好，不需要太多的測量工作。

將桌腳木板放在夾具上，然後將夾具推過臺鋸的鋸子和護欄。鋸子將鋸掉超出夾具邊緣的桌腳木板。如果以非平行的角度將桌腳木板放在夾具上，鋸出來的桌腳木板就會呈現錐狀的邊緣。角度可以是任何你喜歡的角度，只要記得不要鋸到桌腳頂端4"的地方！這樣可以維持桌腳頂部是方形且平行的，最後與桌面組裝時才不會遇到困難。

製作夾具時，我隨意抓了一個順眼的角度，將一片桌腳木板放在夾具的承載板上，記得確認桌腳木板頂端的4"處沒有超出夾具的承載板。然後，我用鑽子拴緊兩塊廢材（厚度與松木板一樣是¾"）來固定桌腳木板的一側和頂端。接下來，我又再加上兩塊廢材作為控制桌鋸切割時的握板（圖B）。

4. 縱切

一旦完成夾具，只要花幾分鐘將8片桌腳木板都推過桌鋸，你就可以輕輕鬆鬆地完成錐形桌腳（圖C）。

為了使成對的桌腳木板接在一起後桌腳兩端能夠對稱，我從8片桌腳木板中任意選出4片，然後把木板非錐形的那端縱切掉

C

D

小祕訣：如果可能的話，盡量使用出廠時就已經切割好的方形木材，這樣在進行專題時，其他的零件就可以以這種切割好的方形木材為參考標準，盡可能地減少所需的測量和進一步的裁切。這種現成在市面上可以買到、四角垂直的平坦桌面就是其他零件最好的測量基準。

E

F

G

¾"。現在我就有4對錐形板,每個桌腳有兩片:其中一片在非錐形的那端寬為3½",而另一片在非錐形的那端寬為2¾"。

5. 組裝桌腳

我在每對桌腳木板上刷上木膠,然後使用雙腳釘釘槍將兩片成對的桌腳木板釘在一起(如上頁圖D)。在使用C型夾(圖E)之前,我喜歡先使用雙腳釘釘槍將黏合的木板準確固定。特別是在使用木膠時,因為木膠會讓錐形木板變得比較容易滑動而不好夾。

在這裡,作工精細的木匠會用木膠塊以避免C型夾在材質較軟的松木板上留下凹痕,不過我現在可是在和太陽賽跑呢!我要在太陽下山之前完工,所以沒有這個閒工夫。

6. 製作桌面

為了將桌腳安裝於桌面下,我用1×4木板做了一個矩形木框。我希望桌面下緣有高約1¾"的桌邊。

小祕訣:需要使用梅花型或星型螺絲起子,且本身就呈現錐形的通用木螺釘可以免去你使用十字螺釘時會遭遇到的麻煩。若在趕時間的專題中使用十字螺釘,常會碰到十字螺釘「掉出來」的窘境。

所以我切了兩條長為45"的長邊條和兩條長為15½"的端邊條。我使用雙腳釘釘槍將木框釘好,然後用一把直尺在桌面的背面劃出一條線,線距離兩桌緣各1½"。這就是使用出廠時已裁切為方形木材當作桌面的好處之一。

在線的內側塗上木膠後,我將剛剛釘好的木框對準想要的位置後往桌面按壓,多餘的木膠會被擠出。然後我取之前製作的4個廢材,用鑽子將它們釘在桌面背面,這4個廢材可作為臨時的安裝木片,將矩形木框固定在適當位置。再使用4個臨時螺釘,將矩形框固定於安裝木片和桌面上(圖F)。

小祕訣:如果可以的話,利用零組件本身將零組件暫時固定夾緊。夾緊和黏合需要時間。建議使用稍大一點的螺栓和墊圈,這樣你不用等待就可以直接鑽、黏、組裝、調整、鎖緊零組件和繼續下一個步驟。

小祕訣:當你想將零件固定或將很多零件拼在一起,卻又恨不得有第二雙手時,使用細鐵雙腳釘的氣動布雙腳釘釘槍將非常方便。

然後,我將桌面翻回正面,使用堅固的埋頭螺釘穿過桌面以固定桌面和矩形框(有些人不太喜歡從桌面的正面釘螺釘,關於這一點,我們當然可以使用其他的作法,你可以購買專為從下方安裝桌面的特殊工具和零件。你其實也可以保留安裝木片而不拆除)。

最後,我將桌面翻回背面,拆除臨時螺釘和安裝木片,然後我用濕抹布擦去多餘的木膠。

7. 裝上桌腳和修邊

我將桌面的背面放在平坦表面上,然後將4個桌腳放在適當的位置上,鑽出4個孔洞並塗滿木膠,然後使用4個車架螺栓墊圈在適當位置上將桌腳夾緊。如果你在裁切桌腳時夠仔細,桌腳的四角應該呈現90度,而你在安裝前只需要快速檢查一下即可。

最後,我切下4塊1×4的木飾條並卡在桌腳之間,從內側以螺絲將木飾條鎖緊並使用木膠固定位置(圖G)。兩小時內,我的桌子就大功告成了!現在我可以開始準備擦洗所有多餘的木膠,然後清掃剛剛使用桌鋸時在車道上留下的木屑。✐

湯姆・派克(parker@rulesofthumb.org)是一位住在紐約州伊薩卡的作家,他在康乃爾大學工作。當他沒有在修理垃圾的時候,他是一個飛行教練,他駕駛的是1956塞斯納180叢林機。

5 美元的智慧型手機投影機

文：照片瞧瞧、丹尼‧歐斯特威爾　圖：茉莉‧威斯特
譯：黃筱婷

幻燈片投影機雖然很好但已經過時，而數位投影機則是太貴了。幸運的是，你可以把你的智慧型手機變成一個便宜的投影機，用來炫耀手機照片和破解手機的技巧。

你需要的材料：
» 鞋盒 » 迴紋針 » 智慧型手機 » 低倍率放大鏡片
» 鉛筆 » 筆刀 » 絕緣電氣膠帶或黑膠帶 » 消光黑噴漆或黑紙（非必要）

1. 準備投影箱

如果你的鞋盒內部是淺色的，為了最好的畫面品質，把它漆成黑色或是貼上黑紙。>> 在盒子的短邊外側上畫出放大鏡鏡片的輪廓，並把它剪下來。>> 為了拉長使用時間，在盒子的背面為手機充電線剪一個小洞，將放大鏡對準位置貼好，並確保沒有空隙讓光線透進來。

2. 製作手機立架並翻轉你的螢幕

把迴紋針折成手機架的形狀。>> 當光線穿透鏡片會讓影像翻轉，所以從投影機呈現出來的圖片會是上下顛倒的，你可以上 makezine.com/36 的網頁了解螢幕翻轉的介紹。

3. 找到焦距

投影到一面全白的牆或是其他白色的平面上。>> 把你的手機放到靠近箱子後面的手機架上，前後移動箱子直到影像開始對準焦距，前後移動箱子裡的手機以進行微調。>> 為了免手持操作，將手機照片 app 設定成投影片模式。>> 如果你想要，可以把充電線穿過箱子後面那個洞，並用一小段膠帶封好。>> 為了最佳投影效果，將手機亮度調到最亮，放到箱子上，遮住所有的窗戶，並且關掉房間電燈。

感謝 Instructable 網站的成員麥特巴薩爾（MattBottel）提出這個構想。🔲

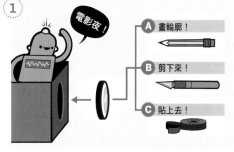

照片瞧瞧（photojojo）的任務是幫每個人的照片變得更有趣！它發行的新聞稿無敵棒，而且只提供最厲害的照相禮物和工具給攝影師們。photojojo.com。

試試看三極體電流開關

Try a Triac

文：查爾斯·普拉特　譯：DANA

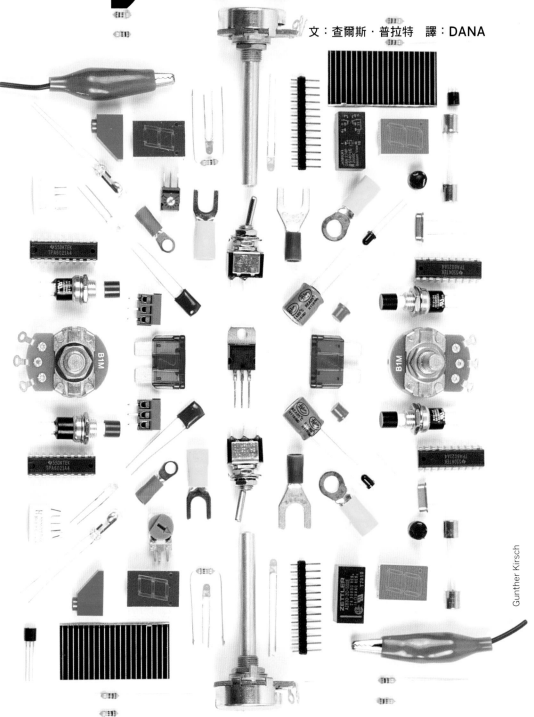

Gunther Kirsch

不起眼零件的另類用途

✎ 時間：1小時　✎ 成本：10～20美元

➕　世界尚有數十億個三極體電流開關
（triac）。在檯燈的調光器、電磁爐和許多馬達控制器中都有用到三極體電流開關來調整部分的正負交流脈衝，藉此調整功率。

當我打算在第二版的《電子元件百科全書》中介紹這個常見的半導體時，並沒有預計可以分享給讀者們更多的新知，畢竟三極體電流開關已經問世超過50年了。所以，你不難想像當我發現在低電壓直流電上也可以使用三極體電流開關時，我有多麼的興奮。為什麼要興奮呢？因為這代表你只要透過Arduino就能控制三極體電流開關！這也是為何我決定要重新好好認識三極體電流開關的原因。

測試，測試，再測試

三極體電流開關僅由5個矽元件組成，這種設計使其達到許多意想不到的功能。它可以跟電晶體一樣切換電流，但卻不像電晶體一樣需要區分正負極，所以在使用它時不需要擔心方向接錯。同樣地，它對於閘極端的正偏壓或負偏壓都會產生回應。三極體電流開關可產生「再生」電流，就算移除閘極偏壓，電流還是可以繼續流通。

圖A為一個典型的三極體電流開關，而其在電路圖中的符號則如圖B所示。有時符號中的三角形中心處會留白，其擺放方向也可自由翻轉或旋轉，無論如何，都還是用來代表三極體電流開關。其閘極端會標記為G，而其主輸入／輸出端則會標上A1和A2（有時會標上T1和T2，或MT1和MT2）。若在電路圖沒有特別註明端子，通常A1就是最接近閘極的那端，而閘極電壓通常都是相對於A1來進行測量。

一旦只要閘極與A1具有相同的電位差，三極體電流開關就會阻擋來自兩個方向的電流。當閘極電壓高於或低於A1時，其則會將導通兩個方向的電流。若導通的電流高於「閉鎖電流」時，即使閘極電壓降到零，電流仍會繼續導通，直到電流降得比「保持電流」還要低為止。你可以在三極體電流開關規格表中找到「閉鎖電流」和「保持電流」這兩個參數，分別會以IL和IH來表示。

在麵包板上測試電路是可行的，雖然三極體電流開關是為了110VAC以上的電壓而設計，但是許多三極體電流開關在12VDC或更低的電壓下仍能運作，並且可以開啟和關閉LED而非一般的燈泡。我選擇BTB04-600SL，因為它最高可以導通4A的交流電流。此外，也可運作於10mA、2VDC的環境下，許多三極體電流開關都具有類似的特性。

材料

- 》三極體電流開關，10mA閘極觸發電流：BTB04-600SL或類似的型號。
- 》微型可變電阻，2kΩ（2）
- 》電阻，¼W，330Ω
- 》電阻，¼W，680Ω
- 》LED（2）：20mA順向電流。
- 》9V電池（2）：獨立式電源供應器，最低可提供正負9VDC。

工具

- 》麵包板：小型或全尺寸。
- 》三用電表
- 》連接線或跳線

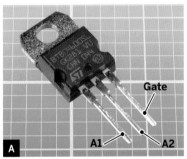

Charles Platt

A　Gate　A1　A2

一個典型的三極體電流開關，圖上標明閘極和主端子。

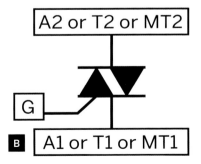

A2 or T2 or MT2

G

B　A1 or T1 or MT1

此為三極體電流開關電路圖符號，看起來很像將兩個二極體面對面放在一起，這也是用來代表其功能。

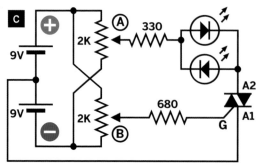

一個簡單的低電壓直流測試電路，採用兩個LED來顯示
電流流通，還有兩個微型可變電阻，用來調整閘極與主
端子之間的電流大小。

一個簡單的麵包板測試電路圖。

　　如圖C所示，我用一對9V電池來提供正負電流，
但如果你有獨立式電源供應器的話，也可以改用電
源供應器來取代電池。在圖中標記為「A」的是2K
微型可變電阻，接上330Ω的電阻來調整範圍介於
＋9V到－9V間的電壓值，而在A2端子上則連接
一對LED，你所使用的LED應至少可承載20mA的
順向電流。需將這對LED以不同極性的方式接到電
路上，這樣才能看出電流的方向。

　　圖中的另一個2K微型可變電阻則標為「B」，其
與閘極間則接上680Ω的電阻來調整範圍介於＋9V
到－9V間的電壓值。這個電阻值剛好可產生足夠的

閘極電流和閉鎖電流，且不會燒壞LED。圖D是麵
包板電路的配線參考圖，圖E則為實際電路的組裝
圖。

　　將兩個微型可變電阻調整到可乘載範圍的中間
值，然後接上電源。此時，將微型可變電阻「A」
調到可承載範圍的正極最大值，這時候並不會有任
何反應，因為此時微型可變電阻「B」正在供給閘
極中性電壓。現在將微型可變電阻「B」轉向正極
或負極，這樣一來會提供給閘極正負兩種偏壓，而
三極體電流開關將開始導通電流使LED亮起。

　　當你將微型可變電阻「B」調回中間值時，會

麵包板設計。

注意：如果你將微型可變電阻調到可承載範圍的最大值或最小值時，微型可變電阻的溫度將會逐漸升高，因此本文中所描述的作品並不適用於長時間使用。

發生一件有趣的事情。照理來說，將微型可變電阻「B」調到中間值之後，三極體電流開關將不會有閘極電壓，但是因為通過此三極體電流開關的20mA電流剛好高於閉鎖電流，所以此三極體電流開關會仍然維持在導通狀態。甚至你拔掉微型可變電阻「B」對電路也不會產生影響。

如果沒有閘極電壓時，三極體電流開關還是保持導通狀態，那麼我們要怎麼做才能使其不再導通呢？其實並不難，你只需要將微型可變電阻「A」慢慢地調回中間值，待進入端子A2的電流低於10mA時，LED自然就會熄滅了。

如果你使用－9VDC接於微型可變電阻「A」上再次進行此測試，那麼另一個LED將會亮起。但這個LED的反應可能不會與上一個實驗中的LED完全一樣，因為三極體電流開關的作動並不是完全對稱的。

下一步要做什麼呢？

三極體電流開關是一個閉鎖裝置，所以使它成為一種理想的按鈕開關。只要發出一個脈衝到閘極，三極體電流開關所連接的馬達就會開始運轉，而且會持續運轉。當你想停止馬達運轉時，你可以中斷供電，或者讓三極體電流開關主端子間的電位歸零使其暫時短路。如果再加裝合適的雙極雙擲開關（DPDT），你的按鈕還可以讓12VDC的馬達正轉或反轉。

參考圖F的電路自己動手試試看，這個電路可以讓馬達轉動、自動停止和反轉，就只需要按一下按鈕即可。

按鈕S2可接通三極體電流開關，並啟動馬達轉動。在馬達的轉動範圍最末端會有一個凸輪來控制限動開關（S3或S4），這個開關會反轉閉鎖繼電器（S1）來反轉電動勢。大多數繼電器會先終止連結，然後瞬間再製造新的連結。這個沒有電流的時間間隙就足以關閉三極體電流開關，並切斷馬達電源。馬達會稍微超過限動開關的界線才停止，這樣開關就不會浪費可繼續啟動繼電器線圈的電力。當S2再次觸發三極體電流開關時，馬達就會以相反方向轉動。S5可以隨時暫時將電流繞過三極體電流開關，進而中止開關的導通，而S2則會重新啟動它。

有些人喜歡在車子的引擎蓋、後車箱動些小手腳讓其可以自動開啟或做類似的特技，本文中介紹的

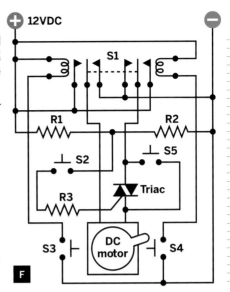

⊕ 12VDC   ⊖

F

若使用這個電路，你僅需一次觸控就可以自動倒轉一個簡單的直流馬達，這可用於汽車配件控制或居家自動化。S1 是一個閉鎖繼電器。S2 會啟動馬達。S3 和 S4 是可被馬達軸上凸輪所啟動的限動開關。R1 和 R2 可以為 10K，可作為建立初始閘極電壓的分壓器，讓閘極電壓不同於端子 A1 的電壓。可選擇 R3 提供適當的電壓和電流給閘極。

電路很適合應用於這些地方。同樣地，利用本電路和線性致動器，如 Firgelli 所販賣的線性致動器，你就可以操作家裡的小家電，例如：拉開或拉上窗簾，甚至是從櫃子裡面升起家庭娛樂系統。這些馬達通常需要 12VDC 的電壓，你可以用筆記型電腦所用的便宜交流電變壓器來供電，而這也是另一種三極體電流開關用來控制馬達的方式。

另一種可能的應用是「緊急按鈕」，中斷通過三極體電流開關的電流以停止電池供電裝置，比方說，機器人中的裝置。

最後，因為三極體電流開關中的閘極只需要很低的電流，所以微控制器也可以拿來控制三極體電流開關。請查閱你的三極體電流開關規格表；說不定這個三極體電流開關也是與 Arduino 相容的。

多年來這個古怪的半導體備受冷落，或許還有更多可以應用的地方呢！發揮你的想像力，動手試試看吧！ ◾

查爾斯·普拉特（Charless Platt）是《Make：電子零件》的作者，這是本老少皆宜的入門指南。他目前正在完成續集——《Make：更多電子零件》，此外，他也是《電子元件百科全書》第一冊的作者，目前第二冊和第三冊也正在準備中。他的個人網站：makershed.com /platt。

Country **Scientist**

⚡ 時間：1小時　⚡ 成本：5～10美元

如何使用LED燈泡探測光

文、攝影：弗里斯特・M・密馬斯三世　譯：DANA

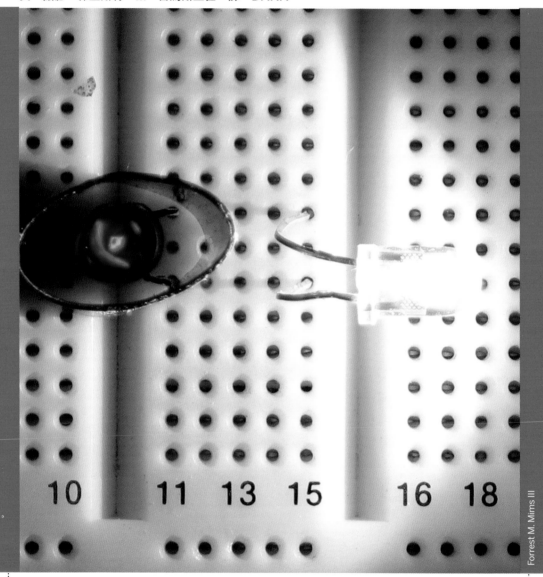

10　　11　13　15　　16　18

Forrest M. Mims III

　電磁電話接收器可兼作麥克風使用，那麼半導體光線感測器是否可以兼作光發射器呢？

1962年，當我還在就讀高中時，這個問題就出現在我的腦海中，在當時我並不知道半導體的量子效應與電話接收器的電磁作用是不相關的。如果當時我知道這一點，我就不會笨到將點火線圈穿過硫化鎘光敏電阻的引線。當時我只是好奇，想試試看它是否會發光。結果果然發光了：我看到一個柔和的綠色光芒，中間穿插著明亮耀眼的綠色閃光。

在大學期間，我發現將一個太陽能面板接上電晶體脈衝產生器後，可以產生不可見的紅外線光束，再由第二個太陽能面板來感測這道光束。在1972年，我利用近紅外線LED與雷射二極體，透過空氣和光纖來傳送並接收語音信號。後來，我用膠帶將一對LED以面對面的方式黏在一起做出雙向光耦合器以進行實驗。

1988年，我嘗試使用LED作為陽光探測器，效果出奇的好。就算到了現在我都還在用我於1990年2月5日時自製的第一個LED太陽光度計。

為什麼使用LED作為感測器？

矽光電二極體的使用很廣泛，而且價格不高。那麼，為什麼我要使用LED作為光感測器呢？

» LED可感測的波長頻帶較窄，這就是為什麼我稱之為選擇性光譜光電二極體。矽光電二極體可感測光譜頻帶很寬，範圍為400nm左右（紫光）至1000nm（不可見近紅外線），而且還需要使用昂貴的濾波器才能測得特定波長。

» 大多數LED的敏感度都非常穩定，不會隨時間變化。因此矽光電二極體的敏感度也都非常穩定，但是濾波器並非如此。

» LED本身能發光也可以偵測光線。這意味著每一端只需使用一個LED就可以建立光學資料連結，不需要有發送跟接收兩個LED。

» 而且LED比光電二極體更便宜且用途更廣。

使用LED作為光感測器的缺點

沒有任何一種感測器是完美無缺的。

» LED對光的敏感度比多數矽光電二極體低。

» LED對溫度較敏感。若需要將感測器裝設於戶外的話，這將會是一個需要注意的問題。一種解決

注意： 不建議使用白光LED，因為白光LED是將磷附著在藍光LED上，當磷受到藍光的刺激後，會發出黃色和紅色的光。再由藍光、黃光和紅光結合以發出白光。雖然白光LED可以偵測藍光，但是直接使用藍光LED會是一個更好的選擇。

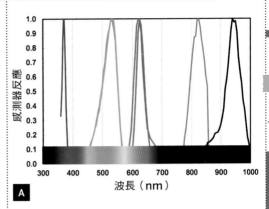

方案就是在LED附近安裝一個溫度感測器，如此一來，便可即時接收到校正訊號，或是在處理資料時參考校正訊號。

» 我自己測試過一些LED，其敏感度確實會逐漸降低。

使用LED偵測特定顏色的光

人眼可看見的光波長範圍在400nm左右（紫光）至約700nm（紅光）之間。LED可偵測的光波長頻帶則較窄，可偵測的敏感度峰值波長稍為低於LED所發出的光波峰值波長。例如，一個峰值為660nm的紅光LED，最高只可偵測到610nm的橙色光。

典型藍光、綠光和紅光LED所發出的光譜頻帶寬度約在10nm～25nm之間，而近紅外線LED的光譜頻帶寬度則為100nm以上。大多數我曾測試過的LED敏感度都足以探測相同LED所發出的光。

圖A為7個藍光、綠光、紅光和近紅外線LED的光譜反應，而在我設計用來測量太陽能光譜的「多重濾波器旋轉遮光帶輻射計」中，也使用這些LED來取代一般的矽光電二極體和濾波器。

藍光和大多數的綠光LED都採用氮化鎵（GaN）。最亮的紅光LED則使用砷化鋁鎵（AlFaAs）製成。近紅外線遙控器中使用的LED也是採用砷化鋁鎵，其發光峰值大約為880nm，可偵測峰值大約為820nm。

較舊型的遙控器則將砷化鎵填充於矽中（GaAs:Si）。這些LED的波長大約為940nm，所以非常適合探測水蒸汽，可是現在非常難找到這種舊型LED。

根據我的經驗，「超亮」紅光LED和砷化鋁鎵LED，以及類似的近紅外線LED，即使經過多年使用，其敏感度還是非常穩定。以磷化鎵（GaP）

製成的綠光LED也很穩定。然而，採用氮化鎵（GaN）製成的藍光LED，其敏感度下降的程度則超過任何我用過的LED。

LED的基本感測電路

在大多數電路中，你都可以用LED取代標準矽光電二極體，只要確保極性正確即可。另外請記住，大部分的LED敏感度都低於標準光電二極體，此外其反應波長頻帶的範圍也較窄。

為獲得最佳效果，可以使用具有透明外殼的LED並先進行幾個測試。測試的目的可幫助你了解LED作為感測器時，其偵測角度與其作為光源時的發光角度有何關係：

》 使用標準耦合器連接LED與塑料光纖，或使用下列方法直接連接（圖B）：先將LED的頂部磨平，再將LED固定住並小心地在其發光晶片上方鑽一個小洞，插入光纖並用黏著劑固定。

》 將一個具有透明外殼的紅光或近紅外線LED引線接到三用電表上，並將三用電表設定成顯示電流大小的欄位。接著，將LED朝向太陽或明亮的白熾燈光源，此時三用電表上應會顯示電流大小（圖C）。

》 用第一個LED驅動第二個LED，將兩個有外殼的超亮紅光LED正負極針腳接在一起。再用手電筒照射第一個LED，第二個LED也會微微發光。可熱縮套管套在第二個LED外來阻擋手電筒的光線，實際操作的狀態就如第156頁的照片所示。

LED的光敏表面比大多數的矽光電二極體要來得小，所以它們需要將訊號放大，價格低廉的放大器是一種理想的選擇。圖D為一個簡單的電路，我經常用這個電路將來自LED的光電流轉為比例電壓。線性技術（Linear Technology）LT1006單電源運算放大器（IC1）可提供幾乎與輸入光強度呈完美線性關係的電壓輸出。增益或放大倍率等於回授電阻的大小（R1）。因此，當R1為1,000,000Ω歐姆時，電路的增益會是1,000,000倍，而電容C1則是用來防止振盪。

還有許多運算放大器可以代替LT1006，但大多數都需要使用雙極電源。如果你使用這類的運算放大器，請將IC的針腳4接到負電源，並將針腳3和LED的陰極接地（正極電源的負側和負極電源正側之間的接合點）。

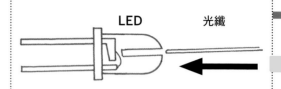

LED　光纖

B

C

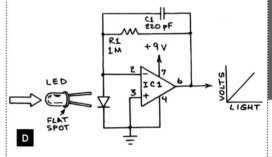

D

更進一步

若想找出更多以LED取代光電二極體的創新做法，最好的方法就是親自動手試做我在本文介紹的應用。我在60年代時進行這些實驗，根本沒有想到這些簡單的實驗竟然是開啟光纖雙向通訊大門的鑰匙，而我已經使用超過23年的大氣測量儀器竟也利用到這些實驗的相關原理。

✚ 我在一些文章和書籍中都有描述以LED取代光電二極體的應用，我將這些著作列於forrestmims.org/publications.html。

弗里斯特·M·密馬斯三世III（Forrest M. Mims III）（forrestmims.org）是一位業餘科學家與勞力士獎得主，他被發現雜誌評為「科學界最頂尖的50個金頭腦」之一，他的書也已經售出超過700萬本。

譯：林品秀

Leatherman Sidekick 工具鉗

（售價43美元） **leatherman.com**

» 我已經隨身攜帶同一個 Leatherman Super Tool 工具鉗 19 年了，而它依然非常堅固。最近我決定要將我每天攜帶的工具換新，在嘗試了幾種工具組之後，我發現了 Sidekick。它堅固、帥氣，還可替換 14 種功能（包括兩個鉗子、剪線鉗、兩種刀、銼刀、鋸子、剝線器、螺絲起子），幾乎囊括了 Leatherman 系列裡我最喜愛的工具。

——格雷戈里・海斯（Gregory Hayes）

Gregory Hayes

Extech BR250 工業用內視鏡

（售價350美元） *extech.com*

工業用內視鏡這種工具可能不會存在於別人不要的工具箱裡，因為只要你用它去檢查過那些難以觀察到的地方一次，你就會覺得你無法沒有它了。它的顯示器是可拆卸式的，讓使用者可以在最遠離顯示器32'的距離操作內視鏡，這最大的好處就是可以讓雙人工程變為單人工程。更棒的是，顯示器還可以將靜止影像與影片保存在外接的SD卡裡，讓使用者可以回頭檢視之前的影像。另外還有磁鐵裝設腳以及RCA影像輸出埠。

攝影機長達36"的量測線完全防水，並且只比一支鉛筆粗一點，所以可以輕易地伸進窄小的空間進行檢視。機身硬度與柔軟度的平衡也剛剛好，讓使用者不用一直轉動機體來維持需要的形態，同時前端還有磁式拾音器跟探測鏡等附件可外接使用。

——大衛・庫克（David Cook）

Gregory Hayes

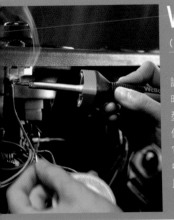

Weller Red 一般型25W烙鐵

（售價20美元） *apexhandtools.com/weller*

在MAKE實驗室，我們的烙鐵比桌子還多。鉗工時我們用有溫度控制器，可調整動力的機種，但在製作「越野型」作品，例如修補我們的動力車輪卡丁車時，我們喜歡用Weller固定式功率的「Red」系列烙鐵。他們的25W「標準型」機種是我們在戶外進行重型作業時的第一選擇，而且在狹窄空間、細小部位的標記或是昏暗的工作場所等，這款烙鐵的內建LED可以提供很大的幫助。它不會是我焊接SMD晶片時的第一選擇，而且可定溫的烙鐵對於在窄小的空間中修補接線時也是不盡理想。不過它普遍的烙鐵頭樣式相當容易操作，同時可以在黑暗中看清楚自己對產品做了什麼修改，也是很貼心的。

——山姆・費曼（Sam Freeman）

Gregory Hayes

PanaVise PortaGrip吸盤式萬能手機座

（售價30～60美元） *panavise.com*

帶著你最喜歡的工具固定座跟 PanaVise PortaGrip 一起出門吧。愛好者會馬上從 PortaGrip 的外型、耐用性以及多變化性來看出它擁有 PanaVise 的品質保證。這兩個機種主要材質皆為泡狀塑料，傾斜臺座也都可以全方位調整，讓你可以隨心所欲的固定或旋轉手機的位置。支架部分也可調整，使其依照使用者需要支撐住手機的兩側與底部，方便使用者使用手機的插孔以及按鍵，同時低調的設計，使用螢幕時也不會造成干擾。與吸盤距離較短的設計對於擋風玻璃較靠近駕駛人的車，例如我的吉普車，就相當完美，而 709 B 的長手臂用在大型車時表現就相當好，例如 MAKE Mobile 的消防車。

——GH

Gregory Hayes

BriskHeat彎曲塑膠用加熱條

（售價79美元） *tapplastics.com*

如果你對彎曲塑膠板有興趣——像是因為受到〈超棒的塑膠桌上工具組（Fantastic Plastics Desk Set）〉（《Make》英文版vol.10，p100）的啟發，那麼你一定會對這個名符其實的加熱條感到無比的滿意。它呈長條狀，可直接在塑膠上進行細長線條範圍的加熱，使其軟化變得容易彎曲且可以彎得漂亮。專業等級的價錢會高一點，但是在手工製作物品時，它比較容易達到相對上較好的成果，與必須花費的功夫比較，可謂事倍功半。

你應該會想為自製的彎曲器添購加熱元件，那麼 TAP Plastics 的 BriskHeat 加熱條就是一個選擇。它的加熱元件大小為 ½"×36"，加熱時必須以抗熱紡織物包裹，電源插頭採可分離式，電流會經由電線流進加熱條的一端，再流回另外一端成一個循環，如此一來就不需要在電流回流時使用高價的隔熱絕緣體。BriskHeat 最大可彎取厚度達 ¼" 的塑膠板，並且可彎得又快又漂亮。這個成果應該會讓任何曾經試著用電熱槍彎曲塑膠板的人感到振奮不已。

——JB

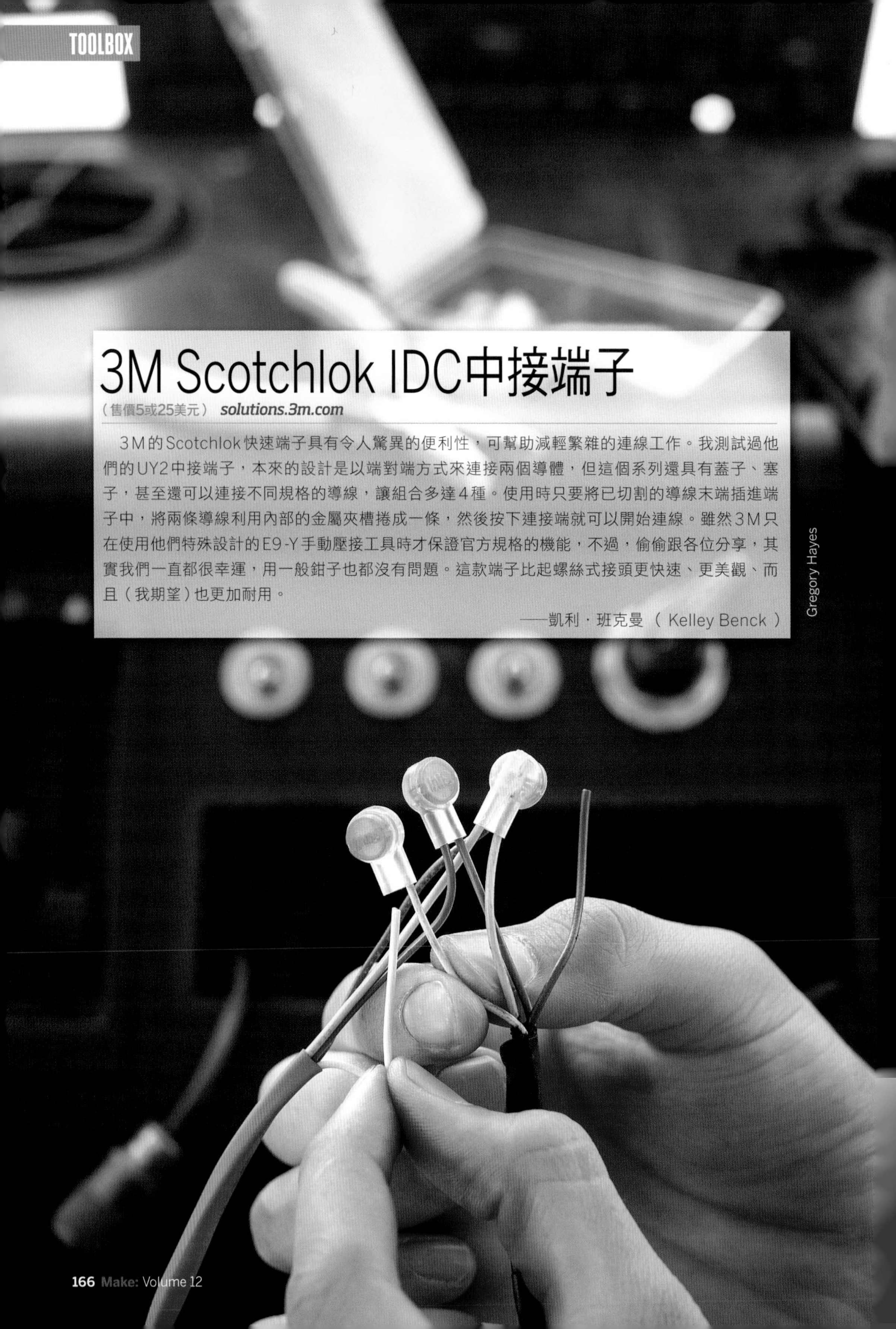

3M Scotchlok IDC中接端子

（售價5或25美元） *solutions.3m.com*

　　3M的Scotchlok快速端子具有令人驚異的便利性，可幫助減輕繁雜的連線工作。我測試過他們的UY2中接端子，本來的設計是以端對端方式來連接兩個導體，但這個系列還具有蓋子、塞子，甚至還可以連接不同規格的導線，讓組合多達4種。使用時只要將已切割的導線末端插進端子中，將兩條導線利用內部的金屬夾槽捲成一條，然後按下連接端就可以開始連線。雖然3M只在使用他們特殊設計的E9-Y手動壓接工具時才保證官方規格的機能，不過，偷偷跟各位分享，其實我們一直都很幸運，用一般鉗子也都沒有問題。這款端子比起螺絲式接頭更快速、更美觀、而且（我期望）也更加耐用。

——凱利・班克曼（Kelley Benck）

Gregory Hayes

Lomography Konstruktor DIY套組

（售價35美元） *lomography.com*

　　這套套組的包裝是我看過最棒的。盒子漂亮，零件的排序也棒到讓我幾乎不忍心將它們取出。雖然它的組裝說明書有點令人怯步，不過影片部分很清楚，兩者相輔相成，讓我也成功達到了說明書中所說「一到兩小時」的目標，花了一個小時又20分鐘組裝完成。

　　用Lomography照相真的是很特別的體驗。古典毛玻璃製造復古感覺，因為沒有稜鏡，所以所有影像都是左右相反上下顛倒的。快門與取景器相連接，拍攝時也許會不習慣，不過這樣較容易拍出漂亮的重複曝光效果。對焦只是大約的，光圈恆定於f/10，快門速度也是 $^1/_{80}$ 秒或B快門。因為捲片有點怪怪的，所以我最後的成果頗有差距，有的照片有框架的影像又重疊。

　　但我想到一個點子：Lomo的粗粒子是它的魅力之一，而我拍的照片沒有一張有漏光現象。所以也許這個套組可以給一些正在找尋組裝套組樂趣體驗的人嘗試看看，特別是那些可能會很高興知道他們最愛的濾光器是根據什麼原理的Instagram愛好者。

——SF

Pelican 35QT Elite
Cooler釣魚冰箱

（售價200美元） *pelican.com*

　　想要你的食物在經過一個下午的駭客馬拉松（hackathon）之後依舊保持新鮮嗎？那你需要找個保麗龍箱子和冰塊。不過如果你需要的是一個耐用又堅固的冰箱，可以參考Pelican的ProGear Elite系列。我常帶著這系列最小的35夸脫容量到處跑，這系列最大容量是超巨大的250夸脫，每種容量的冰箱都是重型配備，包括2"聚氨酯防水隔層，冷凍庫等級的泡棉墊片，以及Pelican　　　　　　　　　自豪的，可持續最長10天的保冷效果。我曾經把我的Pelican冰箱從星期天開始放在甲板上，當中持續接受炙熱太陽光照射而且至少每天打開一次，最後到了星期五，冰箱裡都還有一些大的冰塊。不過當然這樣的效果是需要價錢的。而且，這個冰箱基本是個大水槽，淨重達32磅。但是考量到它的保冷效果、耐用性、還有功能齊全的設計（例如排水塞適用於一般花園水管），這個重量也算有其價值，特別是在某些機能性比輕便性重要的情況之下。

——JB

Padcaster

（售價149美元） **thepadcaster.com**

　讓你的iPad變身為拍攝電影的專業裝置吧！Padcaster是由堅固的鋁外框以及胺基甲酸乙脂（urethane）的內嵌物組成，可以安全地固定住使用者的全尺寸10"iPad（iPad 2或之後版本）。除了可以保護平板電腦之外，外框上還有24個¼"與⅜"的螺絲洞，可以用來固定麥克風、燈光、電源線、三腳架以及其他攝影用外接裝置。附有肩背式掛帶以及突起手柄以方便攜帶，並且在使用時確保穩定，而且更酷的是，它有72mm到58mm的鏡頭連接器，讓使用者可以接上傳統的數位單眼鏡頭來使用。

——約翰・白其多（John Baichtal）

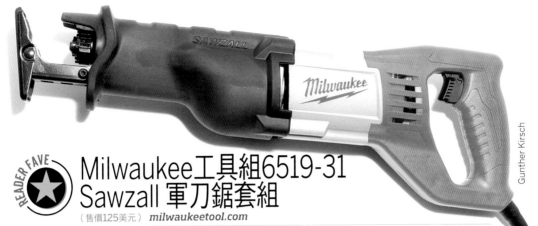

Gunther Kirsch

READER FAVE ★

Milwaukee工具組6519-31 Sawzall 軍刀鋸套組

（售價125美元） *milwaukeetool.com*

　　Milwaukee的自豪之處是其重型工具堅固耐用，甚至可維持終生不壞。我父親買了超過20年的Sawzall系列現在還可以強而有力的運作。我們曾經用它修車、蓋好地下室、把房子重新整修、蓋半管，以及其他許許多多的工程。比起我的傳統工具，Sawzall軍刀鋸有很顯著的改良：並不是使用一般的內六角板手，反而是使用Milwaukee的「Quik-Lok刀夾」讓使用者可以更快的速度來更換刀片。

　　基本動力為12 amps，不過如果使用者需要更強一點，Sawzall還有提供15 amps的「超級」機種，同樣也附有免鎖的調整腳臺，讓使用者可以方便進行有角度的切割。Sawzall主要構造為固定鋸片的提把部分，其材質為注射成形的塑膠，其他還有刀片等。可能在功能上表現會比Milwaukee的經典機種好，不過說實在話，外表就沒有以往的帥氣了。

——傑克‧斯普爾洛克（ Jake Spurlock ）

易格斯DryLin ZLW皮帶式傳動線性滑軌

www.igus.com.tw

　　易格斯的DryLin ZLW皮帶式傳動線性滑軌系列，相較於傳統循環式的滾珠軸承系統，具有低成本與貨期較短的特色，且適用需避免產生噪音與油汙的實驗室或食品加工設備中。與一般螺桿式線性滑軌相比，還可避免螺桿轉動所產生的過熱現象，也可降低螺桿式滑軌在運轉時所產生的噪音與共振現象。

　　由於DryLin ZLW型號種類繁多，其中介紹幾款不同設備所具有的特色，其中的ZLW-1660可提供負載設備高達2000N（450lb/f）的垂直負載力，推薦使用於高負載設備中；而ZLW-1040-UW，是一款專為水下設備所設計的滑軌。另一款ZLW-1040-OD反向驅動系統，可讓設備進行自行校正，藉此達到雙軌反向運行的需求。此外DryLin ZAW系統，其線性滑塊具有滑輪的功能，因此可將滑軌應用於垂直的Z軸，並且其滑軌設計為可拆卸式，讓組裝更便利。

——René Achnitz

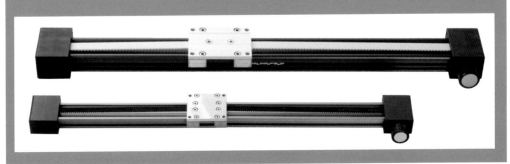

New Maker Tech

ADAFRUIT 16 孔伺服機擴充板

（售價18美元）*makershed.com*

別因為Arduino脈衝寬度調變輸出過少而讓組裝六足機器人的夢想幻滅！Adafruit公司新開發的擴充板能讓使用者只用兩個腳位，就可以輕易控制多達16個伺服機，還可以接上多種擴充板，用同一個腳位來控制多達992個的伺服機！對機器人沒興趣嗎？沒關係，這個擴充板也可以用在包括LED等，幾乎所有用脈衝寬度調變來控制的裝置上。

——馬克·德·文克
（ Marc de Vinck ）

John De Cristofaro

1.Raspberry Pi 相機模組

（售價25美元）
element14.com

這個很酷的套件組可以讓你的Arduino連接兩個樂高NXT馬達和四個NXT感應器，非常適合搭配《Make: Lego and Arduino Projects》，這本書涵蓋了所有一切你曾經想要利用Arduino和樂高NXT來製作機器人的專題。

——Matt Richardson

2.Arduino 機器人

（售價275美元）
makershed.com

最新版本的Arduino給可程式化微控制器與機器人的世界，帶來美妙序曲。這個不需焊接的套組內建有兩個ATmega32u4微控制器，晶片則與Arduino Leonardo相同。還包含了彩色LCD螢幕、SD讀卡機、電子羅盤、揚聲器、電位器、按鍵等。電路板上也有足夠的空間可以讓使用者創造個人電路。對高階感測器有興趣的自造者也可選擇隨插即用的延伸套組。

——MV

3.BottleWorks 的Replaicator 改裝套組

（售價150~175美元）
bctechnologicalsolutions.com

身為MakerBot玩家熟知的「BottleWorks」，皮爾斯用他工廠的機器手把一些鋁合金圓棒升級成Replicator系列3D印表機的配件。從原創版塑膠平臺手臂的替換套組開始，皮爾斯展示了Replicator 2的升級版手臂，以及可動式玻璃加熱底板。

所有的升級配備都需要經過拆解，不過據初步報告顯示各零件組裝後的運作都相當良好。

——John Abella

4. Raspeberry Pi 無線開發者套組

（售價78美元）
ciseco.co.uk

這個套組包含可連接到使用者的Pi和XinoRF的無線接收器擴充板，以及內建接收器的Arduino相容開發板。使用者可以用Raspberry Pi透過無線的方式來編寫XinoRF的程式，然後將資料來回傳輸於兩者之間。還可以製造一個無線遊戲控制器或是無線感測器節點！它也提供可讓使用者簡單起步的元件選項，以及預先設定好的SD卡，讓所有軟體與函式庫立即可以使用。

——MR

Paul Beech

Matt Richardson

1   2   3   4   5   6

5.MTS智慧電源供應器

（售價70美元）
smartpowerbase.com

想用電池供應電源來運作你的Arduino、Raspberry Pi、或其他針腳相容的開發板嗎？這個可重複充電的鋰電池套組是你的最佳選擇。它提供5VDC的穩壓電源，電流可達1A，並可重複充電100次。

讓你的微控制器獲得前所未有的解放吧！

——MV

6.Prusa 噴頭

（售價95美元）
prusanozzle.org

RepRap的核心開發者約瑟夫‧普魯薩花了15個月設計以及測試他的新印表機熱端。以往的噴頭都需要聚醚醚酮（PEEK）或聚四氟乙烯（PTFE）的絕熱構造，但這個Prusa Nozzele只由一根不鏽鋼構成，內部經過鏡面拋光處理，讓塑料在任何溫度下都不會外漏。在捷克手工製造，符合食品安全認證，並且可使用傳統設計的塑料擠出頭無法使用的高熔點塑料（例如聚碳酸脂）。

——JA

7.New Out Of Box Software

（免費！）
raspberrypi.org

基本上，新手Pi使用者的第一步就是要準備一張灌好Linux發行版（最新版本）的SD卡。直到最近，這部分對許多剛起步的使用者來說是一種困難與障礙。

現在，感謝Raspberry Pi基金會的New Out of Box Software（NOOBS），安裝Raspbian變得更容易多了。只要將ZIP檔案解壓縮到已格式化的SD卡，就可引導出選單，讓使用者可以選擇最適合自己的發行套件。

——MR

8.Cura Version 13.06

（免費！）
ultimaker.com

每一個曾經進行「切層（Slice）」過的3D列印愛好者應該都知道這個過程有時會非常緩慢。最近兩年左右才終於從小時進步到分鐘。不 過，Ultimaker的新CuraEngine切層碼帶來了極大的突破。Cura能大幅提升切層速度，並且實際減少介面上的按鍵，讓切層成為背景處理程序。過去需要花幾分鐘的機型，現在只需要花上幾秒。Cura也能使用於RepRap型式的3D印表機上。

——JA

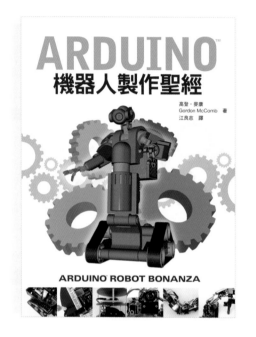

Arduino 機器人製作聖經

高登‧麥康 著
680 元 **馥林文化**

　　動手製作能行走、能說話、又會思考的高科技機器人，並不需要高深的電子學知識或程式設計技巧。本書將實際示範只使用一般的工具與常見電子零件就打造出自主行動的機器人，並且讓你學會如何連接電子線路建構硬體、撰寫程式成為機器人的大腦，以及添加只專屬於你自己的獨特需求。

　　本書作者高登‧麥康擁有 65 本書籍著作，在各雜誌上發表過數以千計的文章。他撰寫關於電腦與高科技的週刊新聞專欄已有 13 年的經驗，吸引了世界各地幾百萬名讀者；他也是暢銷書《機器人製作聖經（Robot Builder's Bonanza）》的作者。

　　這本著作易讀易懂，含有圖文並茂的步驟指引，而且從初步入門的教學學習用機器人開始，逐步攻克更複雜的專題，包括音樂旋律機器人、遠端遙控機器人、滑來滑去的蛇型機，以及一支能觸及 16 吋範圍的機器手臂！

Intel Galileo 快速上手指南

麥特‧理查森 著
380 元 **馥林文化**

　　Galileo 是一塊用來建立電子專題的高效能 Arduino 相容開發板。書中除了採用循序漸進的方式來教導你如何替 Galileo 編寫 Arduino 的腳本程式碼，也為你介紹使其成為強力開發平臺的 Linux 作業系統。

　　本書用結合了 Intel 與 Arduino 兩種不同功能的 Galileo 教你構想出硬體架構、打造電子電路、編寫控制程式，讓你的想法變成實際的作品。教你如何替 Galileo 編寫 Arduino 的腳本程式碼、將 Linux 系統安裝於 SD 卡中、且多安裝 SSH 與 Wi-Fi 的功能、學會建立以 Arduino 或 Python 程式語法為基礎的網頁。這個強而有力的開發平臺，搭配上具有 x86 能力的作業系統、USB 連接埠、Mini PCI 傳輸功能與乙太網路，可以讓你用更快的方式打造更厲害的微控制器專題。

一個人搞東搞西：高木直子閒不下來手作書

高木直子 著
270 元 **大田**

彩色筆堆積如山了，來釘個收納盒如何？工作室放個新黑板，才不怕漏掉截稿時間！不會縫來縫去，但好想要一個新鞋袋怎麼辦？送給老爸的生日禮物，也可以自己製作嗎？有時候半夜兩點卻超想喝汽水，怎麼辦……這些只要到市場，超商，大賣場，馬上都買得到。但高木直子偏偏決定，自己做做看！

高木直子輕鬆手作挑戰記，收錄了14項手作實況全紀錄！找布花，找木板，找材料，也找出無窮樂趣；花時間，花精神，花小錢，竟然搞東搞西搞到上癮了；雖然不完美，也不是所謂的名品，卻有獨一無二的珍惜感！不論自己完成，或跟朋友一起完成，一旦愛上手作，就會激發好奇心，愈想挑戰，愈驚嘆生活好好玩。高木直子邀請你也來試試看！

超圖解 Arduino 互動設計入門（第二版）

趙英傑 著
680 元 **旗標**

本書希望能讓高中以上、沒有電子電路基礎但又對微電腦、電子DIY及互動裝置有興趣的人士也能輕鬆閱讀，進而順利使用Arduino控制板完成互動應用。清楚的手繪接線圖讓能夠輕鬆閱讀，並容易上手。只要對照圖中的接線與電子零件標示，就可以在麵包板上正確接好線路。再加上用手繪的程式觀念圖以及流程圖說明程式設計的基礎觀念，因此即使沒有程式設計經驗，也可依照書中說明製作Arduino的互動程式。

除了花錢購買電子零件以外，本書還有動手改造的有趣專題，像是使用Wii遊戲器的手把來控制機器手臂、將廢棄的軟碟片改造成電子鼓、將玩具模型車變成可自動躲避障礙物的智慧型自走車等。

機器人零件指南

Ohmsha 編著
420 元 **馥林文化**

製作機器人時會使用到的零件大集合！在參加機器人競賽時，除了按照各個競賽內容來編寫機器人的軟體，硬體方面也非常的重要。雖然現在的參賽者們會在自己的部落格上公開有關製作機器人的軟、硬體資訊，蒐集資料方便許多，但實際製作時，仍然有許多人會為了該使用什麼樣的硬體零件而感到困擾。

這本《機器人零件指南》就是你最好的參考書籍！本書是以《ROBOCON》雜誌為基礎所發行的參考書籍，專門說明製作機器人時會使用到的零件，以解說中心，簡介其概要並介紹其使用方法和選擇方法，並重新整理一些修訂過的內容。

本書將機器人零件集結成冊，只要一本就可以知道致動器、機械元件、控制器、感測器以及電子零件等機器人會用到的硬體有哪些，讓你在挑選零件上比別人更快一步！

自造者世代
從您的手中開始！

讓我們幫您跨越純粹理論與實際操作間的最後一道門檻！

同時訂購雜誌與合適的控制板組　**親手製作**　即時具現您的瘋狂創意

 +

《Make》國際中文版一年份＋
Arduino Leonardo 控制板

新手入門組合 1,900元
（原價NT 2,310元）

（※ 控制板單購價 770元，控制板原價NT 790元）

 +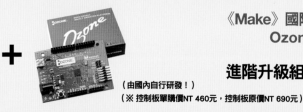

《Make》國際中文版一年份＋
Ozone 控制板

進階升級組合 1,600元
（原價NT 2,210元）

（由國內自行研發！）
（※ 控制板單購價NT 460元，控制板原價NT 690元）

 +

《Make》國際中文版一年份＋
Arduino Due 控制板

多工強化版組合 2,750元
（原價NT 3,510元）

（※ 控制板單購價NT 1,620元，控制板原價NT 1,990元）

 +

《Make》國際中文版一年份＋
Raspberry Pi 控制板
（Model B）

微電腦世代組合 2,600元
（原價NT 3,270元）

（※ 控制板單購價NT 1,460元，控制板原價NT 1,750元）

※ 控制板單購方案僅限於「續訂戶、舊訂戶」，每位訂戶限購一片。
※ 本優惠方案適用期限自即日起至2014年8月31日止。

**掃描QR Code
線上訂購超Easy!**

協力廠商：中美資訊　www.chung-mei.biz

國家圖書館出版品預行編目資料

Make：technology on your time（國際中文版）／MAKER MEDIA 編.
-- 初版. -- 臺北市：泰電電業，2014.6　冊；公分
ISBN：978-986-6076-91-6（第12冊：平裝）
1. 生活科技
400　　　　　　　　　　　　　　　　　100008414

英文版工作人員

Make:
technology on your time

FOUNDER AND PUBLISHER
Dale Dougherty

EDITOR-IN-CHIEF
Mark Frauenfelder
markf@makezine.com

*

EDITORIAL

EXECUTIVE EDITOR
Mike Senese
msenese@makezine.com

EDITORIAL DIRECTOR
Ken Denmead
kdenmead@makezine.com

MANAGING EDITOR
Cindy Lum
clum@makezine.com

PROJECTS EDITOR
Keith Hammond
khammond@makezine.com

SENIOR EDITOR
Goli Mohammadi
goli@makezine.com

SENIOR EDITOR
Stett Holbrook
sholbrook@makezine.com

TECHNICAL EDITOR
Sean Michael Ragan
sragan@makezine.com

ASSISTANT EDITOR
Laura Cochrane

STAFF EDITOR
Arwen O'Reilly Griffith

EDITORIAL ASSISTANT
Craig Couden

COPY EDITOR
Laurie Barton

SENIOR EDITOR, BOOKS
Brian Jepson

EDITOR, BOOKS
Patrick DiJusto

DESIGN, PHOTOGRAPHY & VIDEO

CREATIVE DIRECTOR
Jason Babler
jbabler@makezine.com

SENIOR DESIGNER
Juliann Brown

SENIOR DESIGNER
Pete Ivey

ASSOCIATE PHOTO EDITOR
Gregory Hayes

VIDEOGRAPHER
Nat Wilson-Heckathorn

FABRICATOR
Daniel Spangler

WEBSITE

WEB DEVELOPER
Jake Spurlock
jspurlock@makezine.com

WEB DEVELOPER
Cole Geissinger

WEB PRODUCER
Bill Olson

CUSTOMER SERVICE

CUSTOMER CARE TEAM LEADER
Daniel Randolph
cs@readerservices.
makezine.com

Vol.13
2014年秋
預定發行

www.makezine.com.tw 更新中！

國際中文版譯者

Dana：自2006年開始翻譯工作，與國衛院、工研院、農委會、Garmin等公司合作，並多次擔任國外會議隨行口譯之職務。

江惟真：畢業於美國伊利諾大學香檳分校廣告所，現任職某電子業國外業務。

林品秀：經歷三年研究所及近四年OL的日本生活，目前再度回到日本定居。興趣是戲劇、閱讀、接觸新鮮的文化或事物。關注動物、女性社會定位及異種文化議題。現為自由翻譯（日文為主）與口譯者。

曾吉弘：CAVEDU教育團隊專業講師（www.cavedu.com）。著有多本機器人程式設計專書。

黃筱婷：蘇格蘭史崔克萊大學國際行銷碩士，具電子業及市場分析經驗，熱愛奇幻、漫畫，和一切能夠通電的東西。

劉允中：臺灣人，臺灣大學心理學系研究生，興趣為語言與認知神經科學。喜歡旅行、閱讀、聽音樂、唱歌，現為兼職譯者。

謝孟璇：畢業於政大教育系、臺師大英語所。曾任教育業，受文字召喚而投身筆譯與出版相關工作。

羅淑慧：畢業於國立高雄第一科技大學應用日語系。目前為專職日文譯者。主攻電腦軟體應用、程式設計、機械製造、電子零件、化學和生物科技等領域。同時也是《Make》國際中文版網站文章的專任譯者。

Make：國際中文版12
（Make：technology on your time Volume 36）

編者：MAKER MEDIA
總編輯：方政加
執行主編：黃渝婷
主編：周均健、顏妤安
編輯：謝瑩霖
版面構成：陳佩娟
行銷總監：鍾珮婷
行銷企劃：洪卉君、林進韋
出版：泰電電業股份有限公司
地址：臺北市中正區博愛路76號8樓
電話：（02）2381-1180
傳真：（02）2314-3621
劃撥帳號：1942-3543 泰電電業股份有限公司
網站：http://www.makezine.com.tw
總經銷：時報文化出版企業股份有限公司
電話：（02）2306-6842
地址：桃園縣龜山鄉萬壽路二段三五一號
印刷：時報文化出版企業股份有限公司
ISBN：978-986-6076-91-6
2014年6月初版　定價380元

版權所有．翻印必究（Printed in Taiwan）
◎本書如有缺頁、破損、裝訂錯誤，請寄回本公司更換

我的淚珠型露營拖車

My Teardrop
Camper Trailer

文、攝影：維爾納·史崔瑪　譯：黃筱婷

時間：300小時　花費：2,000美元

從內布拉斯加州麥克可拿基湖（Lake McConaughy）露營回來後，激發了我自製淚珠型露營拖車的想法。這是個美麗的地方，但是它的強風咆嘯、馬蠅大得誇張、遍地都是青蛙、甲蟲滿天飛，有一度蒼蠅和風沙多到沒辦法煮飯。我（還算是）享受這一切，但我太太說除非我們有更好的露營工具，不然別算她一份。

在網路上搜尋的時候，我偶然發現一個「淚珠和小型旅行拖車（Teardrops n Tiny Travel Trailers）」的網站，我完全被這個小巧、輕型而且堅固的淚珠外型所吸引，我開始為所有需要的設備蒐集照片：三人睡覺空間、小型後廚房、必要時的自我供電系統，因為我們一年四季都有可能去露營，所以還要有極好的隔熱效果。當然我也必須控制成本。

我請我的鄰居丹尼的幫忙，因為他是神奇的露營材料交易的好手，他是可以找到免費舊帳篷拖車、附烤箱爐具的男人。根據拖車底盤來計算尺寸和平均重量，我讓連結器的負重維持在總重的12～15%，以確保拖車的穩定性。我所需要的只是簡單的數學和三臺體重計，接下來就是怎麼拿到木頭、其他工具的問題，像是剖刨機和手提電鋸。

實際的施工時間大約是6個月的周末和放假日。實用性是設計的主軸，我們並不是在做「藝術品」，那可能會花很多時間。組裝牆壁是最大的挑戰，因為需要大量的木作工程，以及學習如何使用剖刨機在2×4的木塊上挖出溝槽。在學會技巧之後，我幾乎不花什麼時間就可以做出齊平切和成型，我也為木櫃工程做出一些實用的治具。

尺寸是其中最棒的特色，我可以拖著這個拖車到一般露營者不容易到達的偏遠地區。它有絕佳的轉彎半徑，有好幾次在山中狹窄的泥路上迴轉的時候我甚至不用解開車廂，它就自動跟著轉彎。其他的還有隔熱效果和吊扇那些也都很棒。

我已經在我的生活圈中使用它，像是出門包工程的時候，而在冬至室外溫度 -10°F 的環境下我在裡面舒適又溫暖。我現在正計劃在外面包上一層玻璃纖維，因為我注意到有些屋頂被冰雹砸壞了，我也可能會換掉煤氣爐，改用科爾曼（Coleman）液態燃料爐，因為煤氣在高海拔或極低溫之下無法順利運作。🔲

＋自己動手做：makezine.com/projects/teardrop-camper-trailer。

維爾納·史崔瑪（Werner Strama）是一位住在科羅拉多的機體和電力的航空機械工程師。

| 廣 告 回 郵 |
| 台 北（免） |
| 字第13382號 |
| 免 貼 郵 票 |

100台北市中正區博愛路76號8F

泰電電業股份有限公司
Make:Taiwan 國際中文版

※將此虛線對摺

Make:
一切皆可製作！

4期 超值優惠價
1,140 元

單本 優惠價 **304** 元

訂閱服務專線：（02）2381-1180分機391
《Make》國際中文版網站：www.makezine.com.tw

Make:
Fusor核融合反應爐：
自製迷你中星

開發板
選擇指南
在眾多開發板中找到適合你的板子

+更多動手做專題
桌上鑄造廠・紙盤風箏捲線器
雷射投影顯微鏡・簡易木桌

Make:Taiwan
國際中文版

vol.12

MAKER MEDIA 富林餃化
www.makezine.com.tw

請務必勾選訂閱方案，繳費完成後，
將以下讀者訂閱資料及繳費收據一起傳真至（02）2314-3621 或撕下寄回，始完成訂閱程序。

※請沿虛線剪下

請勾選	訂閱方案	訂閱金額
☐	《Make》國際中文版一年 4 期，第 ＿＿＿ 期起訂閱	NT ＄1,140 元 （原價 NT$1,520 元）
☐	《Make》國際中文版單本，第 ＿＿＿ 期	NT ＄304 元 （原價 NT$380 元）
☐	《Make》國際中文版一年期 +Ozone	NT ＄1,600 元 （原價 NT$2,210 元）
☐	Ozone 單購價 ※控制板單購方案僅限於「舊訂戶」，每位訂戶限購一片。	NT ＄460 元 （原價 NT$690 元）

（本優惠訂閱方案於 2014／8／31 前有效）

訂戶姓名 ☐ 個人訂閱 ☐ 公司訂閱		☐ 先生 ☐ 小姐	生日	西元＿＿＿＿＿＿年 ＿＿＿＿月＿＿＿＿日
手機			電話	（O） （H）
收件地址	☐ ☐ ☐			
電子郵件				
發票抬頭			統一編號	
發票地址	☐ 同收件地址　☐ 另列如右：			

請勾選付款方式：

☐ 信用卡資料（請務必詳實填寫）	信用卡別　☐ VISA　☐ MASTER　☐ JCB　☐ 聯合信用卡		
信用卡號	＿ ＿ ＿	發卡銀行	
有效日期	月　　年　持卡人簽名（須與信用卡上簽名一致）		
授權碼	（簽名處旁三碼數字）　消費金額	消費日期	

☐ 郵政劃撥 （請將交易憑證連同本訂購單傳真或寄回）	劃撥帳號	1 9 4 2 3 5 4 3
	收款戶名	泰 電 電 業 股 份 有 限 公 司

☐ ATM 轉帳 （請將交易憑證連同本訂購單傳真或寄回）	銀行代號	0 0 5
	帳號	0 0 5 - 0 0 1 - 1 1 9 - 2 3 2

一續兒時未完的美夢
一手打造最忠實的正義夥伴

高效能強力馬達

輕巧堅固的ABS樹脂外殼

多關節 高自由度靈活展現

最新型RCB-4HV控制板
(利用Heart to Heart軟體)

KHR-3HV Ver.2 來了！

高穩定性挖槽足底設計

KONDO KHR-3HV Ver.2 雙足機器人
含無線搖桿 完整組裝套件

無線搖桿配備：
- 機器人搖桿轉接器 KRC-4GP
- 無線搖桿
- 無線連接埠 KRI-3
- 加速度感應器 RAS-2C
- 陀螺儀感應器KRG-4 X2個

建議售價
NT$ 72,000 元

套件內容
- 輕量鋁合金框架(輕耐酸鋁處理)
- 強化樹脂型電動手臂
- 新型挖槽足底S-02
- 控制板RCB-4HV
- 電動馬達 KRS-2552HV ICS X17個
- ROBO鎳氫動力電池 HV D類型10.8v -800mAh
- AC100V專用充電器 MX-201
- DUAL USB 電源轉換器HS
- 說明手冊+軟體光碟、其他零件

作業環境
- OS/WindowsXP SP2或以上, Windows Vista(SP1推薦), Windows7 ※必須安裝Microsoft.NET Framework 2.0。
- 配備要求 CPU/Pentium4 2GHz或以上
- 使用的時候需要記憶體/64MByte以上
- 硬碟使用約32MByte或以上
- CD-ROM光碟機(安裝軟體用)
- USB埠(1.1/2.0)

成品大小： 194mm(W) x 401mm(H) x 129mm(D)
重量： 約1500g

中美資訊
Chung-mei Infotech,Inc.

100台北市中正區博愛路76號6樓
客服信箱：service@chung-mei.biz
服務專線：（02）2312-2368

官方網站：www.chung-mei.biz
FB粉絲團：www.facebook.com/chungmei.info

MAKE HISTORY

《英特爾®穿戴式技術》
產品設計國際挑戰賽
改變穿戴式技術的未來

(intel) make it wearable

MAKE IT WEARABLE

《英特爾®穿戴式技術》產品設計國際挑戰賽

首獎1千五百萬獎金等著你!

更多詳情: makeit.intel.com。

ISBN 978-986-6076-91-6
00380

9 789866 076916

YX02712   NT$380

Copyright©2014 Intel Corporation. All rights r